金商道

The positive thinker sees the invisible, feels the intangible,
and achieves the impossible.

惟正向思考者，能察於未見，感於無形，達於人所不能。 ── 佚名

川上昌直——著

張嘉芬——譯

多元獲利模式大全

從「一次性賣斷」
到「錢不斷流進來」的
獲利倍增策略

収益多様化の戦略：
既存事業を変えるマネタイズの新しいロジック

多元獲利模式大全

目次

第 1 章　歡迎來到獲利創新的世界

第 **4** 章　**營收來源多樣化**

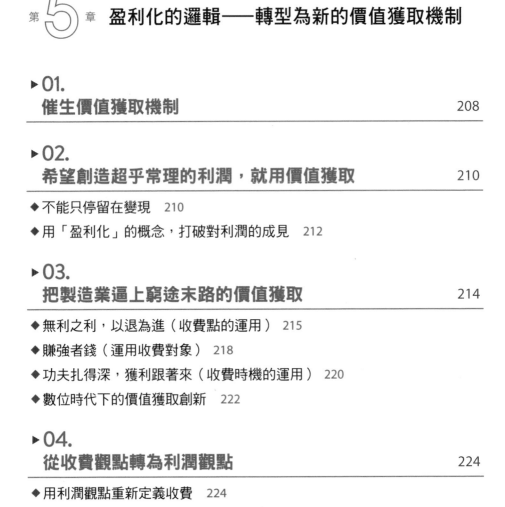

第5章 盈利化的邏輯──轉型為新的價值獲取機制

第⑥章 **日本企業一窩蜂搶進──「訂閱制」的本質**

第 7 章　邁向商業模式的創新之路

一本值得一讀再讀的好書

何炳霖

　　近年隨著數位科技蓬勃發展，企業競爭愈來愈激烈，再加上新冠疫情的襲擊，多數企業的獲利都面臨嚴苛考驗……如何為企業創造獲利，是所有產業面對激烈競爭下的重要課題。我細細閱讀之後，深刻覺得本書實能激發創意，解決獲利課題。

　　《多元獲利模式大全》可以說是一本工具書，因為盤點了所有的獲利機制，讓讀者可以隨取運用。它也是一本行銷策略祕笈，透過獲利邏輯的思考與價值創造，使行銷策略更有威力。這本書更是一本創意大全，讓讀者在閱讀每個篇章後，都有相當的刺激與啟發。

　　就我個人而言，也因為閱讀了其中幾則篇章激發了我對訂閱制、通路與門市空間，有了不同的獲利想法。同時，這本書也讓我重新思考未來獲利模式的可能變革，推薦這本值得一讀再讀的好書給大家。

（本文作者為 cama café 創辦人）

破解創新密碼：給你創新三十招

邱奕嘉

　　持續創造對用戶的價值是企業獲利的關鍵，但如果只問創造，不問盈利化，忽略了價值的「獲取」，那「創造」將流於空談與不切實際。因此，在創造價值的過程中，又能掌握價值的獲取，正是商業模式運作成功的關鍵。過去的商業模式研究中，主題大多圍繞在價值創造，側重於透過創新帶來商業模式的轉型。但對於商業模式如何盈利，獲取創新的價值，缺乏系統性與架構性的介紹與指引。這本書就像搭了一座鷹架，層層建構從創新轉型到獲取價值的路徑。

　　本書以價值的創造與獲取為兩軸，提出四種成長模式；作者將論述內容聚焦在盈利化的成長模式，希望透過獲利模式的創新，引導價值創造的改變。而為了讓讀者了解不同的價值獲取模式，作者透過大量的實務案例，說明三十種不同類型的價值獲取模式。當讀者閱讀這三十種模式時，不免會有眼花撩亂的問題，甚至會有見樹不見林的困擾；但這三十種方法都是從營收來源出發，進行不同類型與程度上的改變與調整；雖然種類繁多，但作者進一步指出，這些獲利模式創新的背後，都是結合收費點、收費對象、收費時機三種不同的組合，掌握這三個關鍵，即可深入了解這三十種類型的本質，甚至能推導出第三十一種、第三十二種⋯⋯不同模式的創新。依作者所言，這三項亦可視為獲利的開關，藉由不同開關組合，形成八種不同的獲利邏輯。

掌握這八種思考邏輯，才能體悟三十種的獲利模式。因此，經理人在思考獲利模式時，應該先從收費點、收費對象、收費時機開始思考，並參酌不同的組合模式，才能掌握獲利模式的關鍵。

雖然本書內容論述相當完整，並透過大量案例進行說明。但豐富的內容，有時也會形成閱讀的障礙，故建議讀者可以先略讀三十種模式，而把重點放在後面的八種獲利邏輯介紹。先掌握這八種邏輯的思路架構後，再回頭重新品味三十種獲利模式，比較能掌握作者的思路，達到見樹又見林的學習效果。閱讀這三十種獲利模式時，建議不要一次讀完，分多次閱讀更能看出箇中差異；而每閱讀一個模式時，可以暫停並依作者後面所示的八種邏輯，試圖分析此模式是如何透過收費點、收費對象、收費時機的配適，而形成不同的創意組合。這種先理解邏輯（八種），再研究模式（三十種）與案例的閱讀順序，更能協助讀者掌握獲利模式的關鍵。此外，企業經理人在閱讀此書時，除了掌握邏輯外，不應受限於三十種推衍的類型，反而要試圖找尋公司獨有的獲利創新模式。

本書作者川上昌直是日本學者，研究商業模式多年，過去也曾經出版過與商業模式相關的書籍。他擅長將複雜的商業現象，梳理成淺顯易懂、脈絡分明的思考邏輯。作者在本書中，透過對營收來源的解析，找出影響營收來源的三項因素，可以協助經理人更能掌握獲利的思考邏輯。產業運作瞬息萬變，競爭態勢推陳出新，但在風雲詭譎的背後，仍有一定的法則與思考邏輯。經理人面對難以預測的未來時，必須先掌握這些思考邏輯，看懂「多變」背後的「不變」，才能協助企業持續突破與成長，正所謂知其然，更知其所以然。本書最大的價值是送給讀者一把釣竿，指導企業經理人拆解複雜的商業模式，澈底掃描成功案例的獲利密碼，進而在自己的公司進行調適與創新。

大家都知道商業模式強調創新，一味的模仿並非好事，但對許多經理人而言，商業模式的創新彷彿來自天才的靈光乍現，非常遙不可及。閱讀本書之後，藉由解析獲利模式的動能與邏輯，創新不再是天邊一朵雲，你可以沿著梯子直上雲頂！

　　　　　　　（本文作者為國立政大商學院副院長兼 EMBA 執行長）

新經濟時代必備的創新商模教戰手冊

楊聲勇

半導體教父張忠謀先生，在一次重要演講中提到企業經營的兩個永恆價值：成長與創新。他強調「成長」不是要追求營收成長，而是附加價值創造的成長（即獲利成長）。簡單的成長可藉由資源投入增加來達成，例如：透過資本與人才（人力）的增加，但若要產生結構性的獲利成長，則需要靠「創新」來達成。創新涵蓋產品、流程與服務創新等，創新價值的高低，可由其創造的附加價值來衡量，而最有價值的創新是商業模式的創新。

張忠謀畢生經營的幾句話，貫穿企業管理教育（MBA）的核心精髓，企業存在的商業價值就是要不斷創造附加價值成長，並透過商業模式創新與競爭對手策略產生差異化。在這樣的策略思維指引下，他創造了台積電獨特的晶圓代工模式，改變了全球半導體生態。根據國際會計師事務所「資誠」（PwC）公布的 2022 年全球市值總額百強企業調查，台積電市值為全球排名第十（市值約達新台幣 15.96 兆）。比起日本唯一入榜排名二十八的企業豐田汽車（Toyota），台積電市值是豐田的 1.82 倍。

無獨有偶，川上昌直教授在最新著作《多元獲利模式大全》的分析中提到，現在日本企業都深受微利所苦，平成時代（1989-2019 年）日本國際企業持續衰退，已從全球總市值一百強消失，僅剩豐田汽車擠

進五十強。相較於名列前茅的美國企業，谷歌（Google，字母控股〔Alphabet〕）、蘋果（Apple）、臉書（Facebook，後改名為 Meta）、亞馬遜（Amazon），也就是大家熟悉的科技四大巨頭 GAFA，是在進入 2000 年之後才開始嶄露頭角，但搭上了這波數位化與平台經濟的浪潮，透過商業模式的創新，讓全球的競爭版圖產生結構性改變。

此外，他為解釋美、日企業版圖的消長，提出兩種創造附加價值的重要觀念：「價值創造」與「價值獲取」。前者是指在優化產品價值的同時，降低生產成本，讓產品的價值極大化；而後者則意指企業用何種事業活動，從創造的價值中來賺取利潤（強調商業模式創新）。過去曾經輝煌的日本國際企業，精於製造優化與流程改善，透過價值創造創新來增加附加價值；而美國科技巨頭不僅嘗試價值創造創新，更能從獲利與商業模式創新中，產生不同於銷售賣斷獲利（營收減去成本）之外的多元營收來源。例如：蘋果除銷售 iPhone 手機外，更透過 iTunes 與 App Store 提供音樂與軟體買斷或訂閱服務；亞馬遜除了電商銷售之外，更創造 B2B 的 AWS 雲端伺服器租賃與運算服務；特斯拉除製造銷售電動車以外，更銷售汽車碳權配額給競爭同業；好市多除薄利多銷外，也透過會員年費創造利潤；網飛用訂閱制，創造利潤並從訂閱資訊了解客戶喜好，跨入影片製作等。

川上昌直教授在日本，以研究企業商業創新與獲利模式聞名，暢銷著作包括《商業模式的基礎設計》、《如何創造「連結」》、《獲利革命 商業模式雙贏法》、《獲利策略》、《創造獲利架構的教科書》和《改變收費點的商業模式方程式》等。在《多元獲利模式大全》這本新書中，作者整理三十種經典商業模式、三大計費觀點、八種獲利邏輯，用知名的企業案例生動活潑地解釋相關概念，內容扎實並搭配大量的圖表，引導讀者分析、理解轉型獲利方程式，進而讓讀者能針對

自己的企業訂定創新商業與獲利模式。我在商管學院教授策略與財務分析多年，難得看到一本將數位時代、商業模式與獲利創新解析地如此精闢與容易上手的書。本書是新經濟時代必備創新商模的教戰手冊、一本研讀商業模式創新必備的工具書。

（本文作者為國立中興大學財務金融學系教授、

前 EMBA 商管聯盟執行長）

商業模式的思考與創新

詹文男

　　這年頭產官學研各界都在談創業，但創業需要資金，擁有資金的投資人或政府基金都會問想創業、對資金有需求的人，你的「商業模式」是什麼？若無法在七分鐘內講清楚、說明白，那麼要獲得投資者的青睞可能就很困難。

　　事實上，不僅創業的人需要深思商業模式，已存在市場的大小企業也需時時檢視商業模式的有效性，並做必要的創新。但什麼是商業模式，言人人殊，大家都有自己的一套說法。坊間各種理論、方法及架構多元，讓人眼花撩亂，不知如何選擇。尤其若沒有商管背景，面對這麼多商業模式理論，就像在霧裡看花，愈看愈模糊。

　　我曾經在大陸網路上看到一則案例，非常巧妙地闡釋了商業模式，故事是這樣的：有一家釣魚場開張，釣魚費 500 元。老闆豪氣地說：「一定讓客人釣到魚，若沒釣到就送一隻雞。」很多人都去了，但都沒釣到，結束時每個人全拎著老闆送的雞回家。後來釣魚場的警衛透露：「這家企業老闆本來就是個專業養雞戶，這釣魚池根本就沒魚。」這個商業模式叫做「去庫存的思考創新」！

　　另外一家釣魚場也開張了，其號稱釣魚免費，但釣上的魚要一斤 50 元買走。許多人去了，奇怪，不管會不會釣魚的都能一天釣幾十條魚。個個都覺得自己是釣魚大師！後來釣魚場警衛解釋：「老闆的魚是

批發市場 15 元一斤買來的。他叫兒子潛在水下，將魚一條一條地掛在客人的魚鉤上，難怪個個豐收。」這樣的商業模式稱為「從供應端思考的創新」！

第三家釣魚場又開張了，受到前兩家的啟發，這家釣魚場實行撒網捕魚的體驗，讓顧客穿上蓑衣、戴上斗笠、乘上小舟，扮成漁夫模樣，體驗漁家生活。釣魚場也派人負責幫客人拍照打卡，幫顧客上傳臉書，提升客人的文化底蘊。最後網到的魚只要 20 元一斤買走就可以了。許多人高興地去了，不到十分鐘，一張網下去網好幾次，就好幾十斤魚，魚場老闆日銷售量從以前的 500 斤上升到 10,000 斤，而且銷售週期還大大縮短了。顧客遊樂有了體驗，批發市場去了庫存，這個商業模式是「沒有釣竿的釣魚場創新」！

第四家釣魚場又開張了，為了與前三家競爭者有所區隔，這家釣魚場釣魚免費，釣上的魚也可免費拿走。許多人高興地去了，奇怪，居然很多人釣到了美人魚，然後客人和美人魚共進午餐，享用高檔紅酒及神戶牛排，觀賞歌舞。後來才知道，其實美人魚都是特別請來的服務小姐，這個策略名叫「客戶深層次需求的創新」！

同樣是釣魚場，但有不同的價值創造邏輯與獲利手法。雖說這可能是編出來的笑話個案，也有欺騙客人之嫌，但其概念是值得參考的。君不見賣漢堡的，廣告卻主打兒童玩具；賣水果的開放整個果園，讓你免費採回家；原本搞農漁牧業轉身變成觀光服務業；認真地開讀書會，卻有許多美女來共讀。透過不同的價值主張、推廣，誰說釣魚場一定要提供客戶釣魚的服務呢？

也因此當我們在思考企業的商業模式時，一定要擴大視野，跳出原有的框架，不要只從原有產品的價值創造思考，而應全面思索產品與服務利潤的可能來源，從利潤獲取的角度來思索創新商業模式的可

能。但要如何開始思索呢？各位讀者手上的這本《多元獲利模式大全》就是一個起點。

作者川上昌直透過本書，提供讀者如何從獲利創新出發，經過價值創造的創新，最終改變整個事業的方法論。內容涵蓋如何活用多元營收來拓展事業版圖，其以三十種商業模式、三大計費觀點為基礎，融合出八種獲利邏輯，引導讀者分析、理解轉型獲利方程式，進而可以為自己的企業，訂定新的商業模式。

更難能可貴的是，作者剖析了大量現今著名公司案例，並針對其所歸納的各種商模及獲利方式解說；方便讀者按圖索驥，全面理解這三十種商業模式，掌握各種獲利邏輯，是所有創業者或現有企業高階經理人希望突破經營瓶頸的最佳參考指南！

（本文作者為數位轉型學院共同創辦人暨院長、
國立臺灣大學商學研究所兼任教授）

突破成長與獲利瓶頸

劉鏡清

近幾年遇到很多公司找到資誠的顧問諮詢公司（PwC）尋求協助，期望為未來成長路徑改善獲利，這也讓我感受到台灣產業普遍面臨的經營壓力。尤其疫情期間，驅動了許多產業的運營模式轉變，使得企業必須不斷尋找更佳的獲利模式與競爭力。

閱讀本書時，發現作者的觀念與我相當類似。因為企業在尋求轉型時，常會想要吸取各方的實務經驗，在經驗蒐集的過程中，常常會有很大的感觸與改革衝動，但是真要動手做時，又常會發現別人的經驗很難轉變成自身變革的具體方法，因此常面臨想改革、卻又虎頭蛇尾的情境。

國際上顧問行業普遍認為經驗難以傳承，因為經驗通常不見邏輯，又有情境的限制，唯有具備具體架構的方法（Methodology）才能傳承。因為方法通常是將數百案例整理、分析之後所產生的，客戶因此可依照方法、一步一步實現別人成功的經驗，也同時閃過別人失敗的經驗，所以國際性的顧問業長期以整理、累積方法及相關案例作為具價值的知識，向客戶收取費用。

本書最大特色就是如國際顧問公司一樣，整理出了公司賺錢的多元方法與案例說明，如同花一本書的成本，找到一位國際級的顧問，照著書中的指引與架構，便可輕鬆地找出適合自己公司且讓公司更賺

錢的多種方法，也是這幾年難得一見的好書。

　　書中作者強調賣「價值」勝過賣「價格」，價值可增加獲利，這一點我是深信不疑的。2002 年，我負責 IBM ERP 的顧問部門，當時市場競爭非常激烈，價格戰最常見，不過利潤卻是我當年最重要的績效指標。為此我重新定位自己的服務，以客戶角度重新審視 ERP 的效益，開始不賣 ERP，而是改賣企業轉型。當年很多客戶問我：「我是要導入 ERP 的，而你來卻說不賣？」對此質疑，我總是回答客戶，ERP 是一種工具，可滿足員工需求，也能利用 ERP 做流程轉型並建立全球運籌的機制與能力。如果您只想滿足員工需求，建議找其他公司，因為我比較貴。但如果您想藉此轉型升級，那找我最適宜。因為當時所有競爭者都是以蒐集、滿足需求為主，而我卻主打轉型升級，所以得到多數老闆的青睞，價格不但比同業貴 20 ～ 30%，市占率也是最高的。後來我又藉此推出多項顧問服務，如當年做領導力轉型，多半是辦課程，我卻主張上課無用論，因為上課訓練是過程，企業要的不是過程而是結果，也就是員工行為能力的升級才是真正目的與結果，因此我改賣行為能力的升級，也讓我取得更高的營收與利潤，這也是書中作者認為的價值獲取與價值創造。

　　這幾年市場商業模式有很大的改變，很多公司從賣產品，到賣服務，再進化到賣價值。收費也從一次性收費，進化到從整個價值鏈及活動生命週期中收取更多利益，甚至更發展到訂閱制。除了常見的雲端服務之外，租賃業務也日益盛行，甚至連電動機車的充電、里程數到車速都可透過訂閱取得不同服務。企業在走進這種多元獲利模式競爭中，為嘗試想賺取更多元與長久的利益，無不傷透腦筋。作者於書中提出多達三十種的價值獲取方式與案例，如：漫威、亞馬遜、好市多等，提供企業規畫設計新獲利模式的最佳參考，值得大家好好閱

讀，認真參考的必有豐富的收穫。

至於如何善用本書？我的建議如下：

一、進行客戶細分：不論 B2B 或 B2C 都必須做好客戶分析，了解不同客戶的思維與價值主張。

二、分析、整理出客戶的購買旅程（含活動鏈與價值鏈）。

三、以設計思考（Design Thinking）手法換位思考分析，找出不同客戶的需求與價值，或者未被滿足的需求，設計收費點及收費方式。

四、參考書中的內容與案例，優化你的價值主張與價值創造。

五、進行價值包裝與賣點整理。

六、訂出績效目標，並排定方案的優先順序。

七、形成首要策略與行動計畫（含里程碑〔Milestone〕的檢核點），塑造短期戰果。

八、設計內部溝通策略，找出有形或無形之利益，讓員工願意參與變革。

九、定期檢討執行狀況，優化方案，直到目標實現。

十、有了短期戰果，就容易取得更多的資源，擴大實施其他策略方案。

企業在變革中，很容易遇到內部阻力，影響執行效果，此時一定要堅持到底，讓員工相信公司是認真面對變革的，同時做好溝通並賦能員工，成功機率會更大。

（本文作者為資誠聯合會計師事務所暨聯盟事業副執行長）

本書一語道破創業、決策常犯的思維慣性

Manny Li

　　過去我曾有幸近距離觀察了台灣近代的網路創業潮，並與許多人熱中討論「商業模式」。不論是因為整個世界才剛被行動與網路所顛覆，或是因為創業初期最重要的就是找到目標用戶，大多數的討論都圍繞在「價值創造」的環節上，而較少關注「價值獲取」。

　　價值創造確實很重要，因為它關係到企業為解決顧客的問題而提出哪些產品或解決方案，以及如何有效率地將產品或解決方案送到顧客手上。然而，過度關注價值創造也容易陷入一個思考上的慣性陷阱：「只要找到痛點，推出讓顧客滿意的產品或解決方案，公司就能獲利。」上述思維甚至被政府與相對寬鬆的資金環境給放大了。

　　雖然川上昌直在《多元獲利模式大全》中的目標讀者是日本的傳統製造業與零售業者，但我認為同樣適用於網路新創。貫穿本書的核心宗旨是企業應該優先思考價值獲取，再去考慮價值創造，因為企業的存續根本是獲利，唯有獲利的企業才有本錢在價值創造上創新。這讓我想起許多早期專注於替顧客帶來價值的新創，往往當現金水位出現危機後才開始思考獲利機制，但通常為時已晚。

　　就算是發展順遂的企業，當要追求下一階段的成長或抵禦市場上的競爭對手時，也應該先從價值獲取的角度著手，這點我更是有深刻的親身體悟。從價值創造的角度著手通常較為直觀且容易，例如製造

業的思維是「更好的產品或更低的成本」，而銷售業的思維是「更多的銷售案件」。然而，正因為這個思維直觀且容易，通常其他競爭對手也會產生相同的策略，最後的下場經常是削價競爭。

以上乍聽都是再簡單不過的道理，但在實際的商業決策過程中最需克服的往往都是思維上的「慣性」。本書不僅一語道破，還提供細緻的策略發展路徑，不禁讓我有「若是能更早讀到這本書就好了」的感慨。

（本文作者為科技評論電子報《曼報》主筆）

▶ 前言

邁入「價值創造」無法「創造利潤」的世界

獲利要靠積極創造來爭取

我希望各家企業，都要對「創造利潤」堅持到底。

我覺得日本企業在向顧客做價值主張，也就是「價值創造」（Value Creation）上，問題還不是太大；問題比較嚴重的，是企業要如何把「價值創造」所產生的價值，變成利潤，並加以收割，也就是所謂的「價值獲取」（Value Capture）上。

為什麼日本企業這麼拚了命地投入價值創造，卻沒什麼獲利？不僅如此，有時反而是那些後發者，而且還是產品品質欠佳的企業，獲利表現高人一等；一個不小心，利潤還會外流到其他國家去。

如果直言不諱的話，我會說日本的製造業和銷售業，對「獲利」恐怕是太「遲鈍」了一點。

各位是否認為，獲利就是用營收減去成本，也就是單純的剩餘？這種觀念其實是很嚴重的錯誤。我們不該用如此消極的態度看待獲利，它是可以積極爭取的。

我們甚至可以這樣說：企業要懂得先思考如何獲利，再往回推算，重新定義自家事業，否則面對未來這個動盪的時代，恐將難以生存。如今，我們已經邁入「空有價值創造無法獲利」的時代，因此，提升「對獲利的敏銳度」，已是刻不容緩。

本書將為各位介紹我構思的八種「獲利邏輯」，也就是創造利潤的方法。如何收費才能提高獲利？除了顧客之外，還有沒有其他人能拉

抬獲利？有沒有持續挹注獲利的方法，而不是只有當下的利潤貢獻？只要能從這些觀點切入，盤點、整理和分類，必定能找出放大獲利的獨門方法。

企業究竟怎麼創造利潤？我會用具體案例，為各位介紹「價值獲取的三十種方法」。當中包括了免費增值（Freemium）、定額訂閱、刮鬍刀模式（Razor Blade Model）等，都是各位很熟悉的獲利方法。這些都是偉大企業以往構思出來的獲利模式，只要把它們套用到八種「獲利邏輯」來分析，各位馬上就能看出利潤如何創造。期盼那些獲利不如預期，還在煎熬、掙扎的企業，實際套用本書介紹的八種獲利邏輯，跨出改革獲利模式的第一步。

本書的前半部介紹了企業為什麼需要新的獲利方法，以及獲利方法究竟為何。如今，能創造利潤的選項已增加許多，即使在銷售方面無利可圖，企業仍可透過其他獲利來源賺錢。就連所謂的 GAFA，也是運用價值獲取的概念，發展出多元的營收來源，透過不同管道，持續創造利潤。

而「獲利創新」其實就是在改革價值獲取機制，它的重要性與日俱增。

我希望在價值創造方面撞牆碰壁的企業，能聚焦在「價值獲取」上，落實推動足以改革價值獲取的獲利創新。如此一來，就能改變企業對商業模式的認知，企業的經營方式應該也會出現很顯著的變化。只要各位在閱讀本書的過程中，一邊對照自家企業的狀況，必定可以想到該如何創造利潤。

本書每一章都有重要的概念，讀起來可能會比較費時。讀者若想概括了解本書的內容，建議先仔細讀過第一章，再約略瀏覽後續幾章，掌握各章概要後，再回頭精讀每一章。

若本書能讓一些過度講求價值創造，以至於覺得對現有事業改革窒礙難行，並因此而大傷腦筋的讀者；或者是一想到要拉高利潤，就覺得渾身煩躁，遲遲想不出下一步該怎麼走的讀者，懂得用不同於以往的觀點來看待利潤，進而成功做到商業模式的創新，將是我無上的榮幸。

歡迎來到獲利創新的世界

重點提要

- 價值創造已走到極限的原因為何？
- 創新企業都在推動的「獲利創新」是什麼？
- 今後製造業該如何大幅拉高獲利？

關鍵字

- ▶ 商業模式
- ▶ 價值創造
- ▶ 願付價格（WTP）
- ▶ 價值獲取
- ▶ 獲利創新
- ▶ 價值創造的心理障礙

‣01.

深受微利所苦的日本企業

企業存在的目的是什麼？當然是為了讓顧客滿意。

那獲利又是什麼？獲利是為了持續讓顧客滿意所需的資金。

企業需要現金，而這些現金必須在企業有獲利的情況下，才會增加。因此，獲利正是企業活動得以永續的條件。

現在，許多日本企業都深受微利所苦。日本眾多企業管理學者，向來都表示：不論是股東權益報酬率（ROE），還是投入資本報酬率（ROIC），日本企業的表現都太差。日本企業既往的生產模式，可以說就是靠著生產物美價廉的產品，贏得顧客的支持。然而，這種做法如今已走到了撐不下去的地步。

平成時代（1989 年至 2019 年 4 月底）的最後一年，日本企業已從全球總市值排行榜的前三十名消失，這等同於沒有企業進榜。平成時代的第一年，豐田還闖進了前十強；到了平成最後一年，豐田只勉強擠得進前五十名。

目前名列前茅的企業有谷歌、蘋果、臉書和亞馬遜，也就是大家都很熟悉的 GAFA。但是二十年前，美國企業總市值排行前五名的，包括奇異（GE）、艾克森美孚（Exxon Mobil）、輝瑞（Pfizer）、思科（Cisco），以及沃爾瑪（Walmart）。換言之，前幾名就是由這些在工業革命延長線上，發展出來的企業所包辦。兩相比較之下，各位應該就能看出產業趨勢的變化了吧？

GAFA 是在進入 2000 年代之後，才開始展露頭角。誠如各位所知，GAFA 當然是搭上了這一波數位化的浪潮，掌握了機會，讓全球的競爭

態勢地圖為之一變。

　　社會大眾往往只注意到這些企業的價值創造活動，但其實有些關鍵是要聚焦在它們如何創造利潤，才能看得出箇中奧妙。

▶02.

獲利的極限

　　包括 GAFA 的美國企業，為什麼和日本企業有這麼大的差距？

　　日本企業研發了優質產品，還精心打造了包括生產、銷售在內的供應流程，但為什麼就是無法在全球市場上打下一片江山呢？

　　很多人說原因是數位化發展起步太慢，但真的只是因為如此嗎？

　　其實只要分析各家企業創造利潤的方法，就可看出端倪。

◆價值創造與價值獲取的概念

　　企業透過價值創造，為顧客創造價值；透過價值獲取，來創造利潤。首先，我要先為各位說明這個概念。請各位參閱圖表 1-1。

　　企業是靠著「價值創造」與「價值獲取」，才得以成為永續經營的組織。

　　如圖所示，價值創造是由向顧客提案價值與催生價值主張，進而提供價值的過程所組成。價值獲取則是企業在價值創造的過程中產生價值，並從價值中獲取利潤的行為。

　　所謂的價值創造，其實也可說是一種創造附加價值的活動。企業

除了運用原料、人力、物力、財力和資訊等經營資源，發展商業活動之外，還會創造產品。他們打造精美的產品，讓顧客的生活過得更美好。換言之，企業向顧客主張的益處，由業者自己用較低的成本供應，進而從中創造附加價值，這就是企業存在的價值。

無法創造附加價值的企業遲早會瓦解。尤其對製造業而言，最重要的莫過於提出合適的產品方案，讓顧客滿意；接著就要盡可能以低價供應產品，讓產品的價值極大化。這就是「價值創造」的骨幹。

當然企業還要從中創造利潤才行。企業要不斷創造價值，就要先有錢，也就是有足以供給企業活動資金之用的利潤。這時候，「價值獲取」就派上用場了。

所謂的價值獲取，[1]就是企業透過事業活動來賺取利潤。而利潤則是企業從為顧客創造的價值中，收割部分成果而來。因此，能收割多少成果，也就是決定「價格設定」的決策，便顯得格外重要。透過定價

1　價值獲取是科技管理 (Management of Technology，MOT) 領域一直在探討的，是以製造業獲利為主軸的議題（延岡，2006）。誠如名稱中的「獲取」二字所示，「價值獲取」意指「企業能從價值創造當中，賺得多少利潤」之意。

（pricing）來創造營收的行為，就是所謂的「變現」。企業已能從供應流程中算出成本，所以在確定營收金額的同時，也意味著獲利的多寡已經底定。

企業為顧客創造價值，並從中獲取部分價值當成利潤，這就是製造業創造利潤的主要方法，希望各位能先大致掌握此概念。

◆放大價值的「價值創造」

接下來，我們來釐清企業究竟如何透過與顧客之間的交易，來創造利潤。

請各位參考圖表 1-2。如左圖所示，顧客的願付價格，和創造出此願付價格所需付出的成本相減，所得的差額就是企業「創造出來的價值」。為了讓顧客的生活過得更美好，企業要盡可能放大這些「創造出來的價值」——這就是「價值創造」的目的所在。

所謂的「願付價格」（Willingness To Pay，WTP），就是顧客願意為購買某項產品付出的金額。即顧客透過金錢，直覺地呈現自己在產品上所感受到的魅力。在顧客沒有任何先備知識的情況下，出示沒有標價的產品，希望顧客直覺地類推出「你願意花多少錢買它」——這就是顧客對產品的估價金額，換言之，就是願付價格。

願付價格固然因人而異，但如果預設某些特定顧客，就可找出這個族群認為有吸引力的地方，提出合適的解決方案。如此一來，企業就能提高顧客的願付價格。

「成本」是指製造、銷售產品所需的費用。為了提供讓顧客滿意的商評，企業透過優化供應流程，來降低整體成本。而供應流程的優

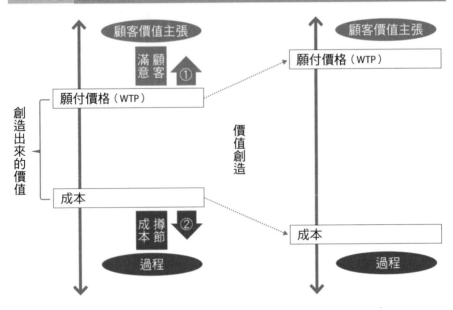

化，則可藉由效率化、合理化來達成。

　　如上圖所示，當企業有能力提高顧客的願付價格，並壓低生產產品所需付出的成本時，就會放大創造出來的價值。企業憑藉各種各樣的努力，不斷推升價值，於是「價值創造」就會循環下去。

◆ 創造利潤的方法

　　那麼，相對於這些「創造出來的價值」，企業可分得的利潤又是怎麼來的呢？企業創造利潤的方法，其實非常簡單。

　　利潤取決於產品的售價設定。就單一交易來看，只要售價設定愈

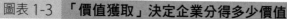

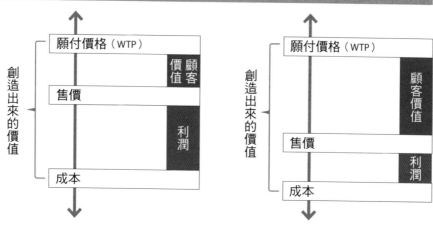

高，企業利潤就愈豐厚；售價設定愈低，利潤就愈微薄。仰賴賣斷商品獲取價值的製造業，向來就只靠這一招來創造利潤。

　　我們就用圖表 1-3，來更進一步了解企業獲利結構的內涵。

　　企業若想賺取更多利潤，就要如左圖所示，將售價設定在趨近願付價格的位置。願付價格代表在顧客心目中「這個價格我會買」的想法，因此當售價設定愈趨近願付價格，就代表企業能以愈高的售價供應該項商品。那些握有強大品牌的企業，便屬於這一類。這可說是從每一筆交易中獲取更多利潤，也就是推升獲利率，以創造更高額利潤的做法。

　　不過，這樣的定價方式，可能會定出比其他同業昂貴的售價。要讓顧客在這種情況下仍願意買單，產品的「差異化」便顯得格外重要。企業需要有同業無法模仿的「巧思」，強調自家產品的獨特性，讓顧客認為「非買這個產品不可」。

　　相對地，右圖是將售價設定在趨近成本的偏低水準，刻意降低企

業可分得的利潤。這時，儘管每一筆交易的獲利率偏低，但可透過大量銷售，放大利潤金額。這也可說是一種有效創造利潤的方法。

簡而言之，即使獲利率偏低，還是可以靠衝高銷售量來創造利潤金額，也就是所謂的「薄利多銷」。對於那些採購規模大於同業，或者能以低成本創造規模經濟效益或機制的企業而言，這是很有利的做法。

◆ 從售價看傳統製造業的挑戰

由上述內容可知：願付價格與成本之間的差額，創造了價值。而售價則是將這份價值拆分為顧客價值和利潤時的重要變數。因為產品一旦定出了售價，就決定了企業營收（銷售額）的多寡，同時利潤金額也隨之底定。

售價也是決定顧客滿意程度，即顧客價值時的重要變數。所謂的顧客價值，就是顧客購買產品時所感受到的「划算」程度。當願付價格高於售價時，顧客就會獲得顧客價值。

請各位再看一次圖表 1-3。從左、右兩圖當中，都可看出「顧客價值」就等於「願付價格」減「售價」。顧客付錢買下產品，並從中獲得顧客價值。

這時，倘若企業如左圖所示，以自家獲利為優先考量，就會訂定偏高售價。這時企業需要在產品上做出差異化，好讓顧客在顧客價值偏低的情況下，仍能感受到產品的吸引力。而如右圖所示，顧客價值愈高，就可說是愈多顧客想要的產品。售價愈便宜，顧客所感受到的「划算」程度就愈高，因此企業會盡可能訂定便宜的價格。

製造業一直以來，都絞盡腦汁在思考該將「售價」設定在願付價

格和成本之間的「哪個位置」。究竟是應制定趨近願付價格的偏高售價，還是該訂定趨近成本的偏低售價？製造業創造利潤的決策，大抵不出這兩種方法。

若售價訂定得宜，企業就能透過銷售產品來創造利潤。對製造業而言，說「賣產品賺錢」是他們唯一的獲利主幹，一點也不為過。因此，為了固守獲利水準，製造業者隨時都在研發、推出新產品，並在市場上銷售。然而，當企業推出新產品後，市場上很快就會出現其他類似產品，售價甚至還有可能低得令人咋舌。

製造業為鞏固自己的利潤，便祭出了各式各樣的因應之道。其中最具代表性的，包括透過註冊商標或取得專利所發動的「法律型防禦」；以及藉由築起進入門檻所發動的「策略型防禦」；還有憑藉強化品牌形象所建立的獨特性。企業透過這些方法來補強定價上的弱點，以獲取價值。

日本的製造業一路走來，始終勤懇踏實，貫徹前述價值創造與價值獲取的手法。為了創造價值，他們想出比他國企業更便宜的生產方式，提供比他國企業更多的益處。不僅如此，日本製造業者還訂定了相對低廉的價格，推升了顧客價值與利潤。

1980 年代，由於當時市場上已有很先進的外國產品，於是日本製造業者便以這些產品為基礎，打造出了性能卓越的優質產品。日本企業參考外國產品，打造了毫無浪費的製程，以及更能撙節成本的企業體質。直到 1990 年代初期，當年的豐田或日產，以及 Panasonic、日立和東芝就是運用這些價值創造的手法，成為享譽國際的全球頂尖企業。

◆價值創造的困境，提高了價值獲取的難度

然而，這種只仰賴產品來創造利潤的傳統手法，已逐漸走到了極限。企業必須在可無窮無盡、創造價值的狀態、環境下，才能用這樣的價值獲取機制，創造出龐大的利潤。當價值創造面臨困境時，企業的價值獲取就無法順利進行。

接下來，我們就要說明這個概念。圖表 1-4 是在競爭環境轉趨激烈或出現劇烈變動時，價值創造和價值獲取可能呈現的關係。

左圖是競爭態勢轉趨激烈時會發生的情況。出現此狀況時，產品將難逃流於同質化的命運。上市之初、華麗登場的產品，大家久而久之也會司空見慣。再加上後續類似產品紛紛出現，甚至其他同業還推出更具吸引力的產品時，顧客的願付價格自然就會降低。企業若不改變生產、銷售體制，成本當然也不會改變，於是整體價值就會縮小到微乎其微的地步。

即使如此，企業存在的目的，畢竟是要讓顧客滿意，故仍應以顧客價值為最優先考量。可是，從圖中各位也能很清楚地看出：倘若企業為了創造顧客價值而調降售價，那麼殘餘的利潤就會變得非常微薄。

不過，這還算是幸運的。右圖呈現的是當事業環境本身大幅變動，或者人們的價值觀出現劇烈轉變時，就連「價值創造」也將無法成立。而在價值創造崩潰之際，企業當下就會出現虧損，更不用奢望能獲取價值。

既有價值創造模式無法成立，其背後的原因，其實是由於數位化對既有事業所造成的破壞。數位化讓許多服務變得很平價，有時甚至還能免費供應。這種現象對既有的製造業或銷售業者產製、銷售的產品造成了相當嚴重的衝擊。名片型數位相機、隨身收音機和電子計算

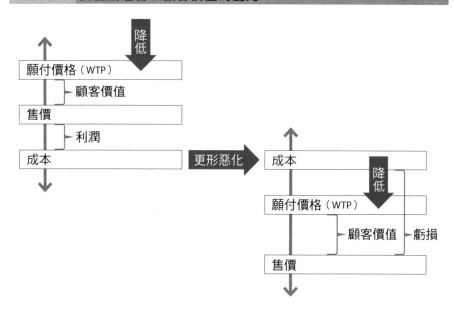

圖表 1-4 **價值創造會以顧客價值為優先**

機都被智慧型手機裡的小圖示所取代,顧客的願付價格早已灰飛煙滅。

　　不僅如此,雷曼風暴等金融危機,以及新冠病毒疫情蔓延所帶來的不景氣都拉低了消費者的所得,導致他們買不起想要的商品。在如此劇烈的環境變動下,消費者的願付價格當然會大幅降低。

　　即使願付價格顯然已處於偏低狀態,企業無論如何,都還是要創造出顧客價值,於是只好把售價訂定在低於願付價格的水準。然而,企業無法急遽壓低供給成本,所以就會像右圖那樣,呈現扭曲的狀態──產品售價變得比成本還低。若執意販賣,就必須做好虧損的心理準備。持續在這樣的狀態下銷售產品,虧損只會愈來愈嚴重。

　　假使企業創造出來的價值被壓縮到微乎其微,以至於連「價值創造」都無法成立的話,企業根本不可能從交易之中分得利潤。即使先

這樣做「日後自然就會賺大錢」的想法已成過去。如今，企業光是在傳統的價值創造框架中，橫衝直撞，甚至還可能會「賺不到半毛錢」。

在這樣的狀態下，日本企業——尤其是製造業和銷售業者，忍受著低到幾乎貼著地爬的微薄利潤，卻還是一路拚命地創造價值。日本人的一絲不苟和堅忍不拔，催生出了排除所有無謂浪費的獨家製程。即使明知願付價格不會上升，還是專心致志地打造出一項項產品，試圖從微薄的價值當中，設法賺取利潤。

然而，日本那段「失落的三十年」時光，就在告訴我們這種做法有其極限。在這三十年間，日本企業學會了各式科技，嘗試創新，還累積了許多學習經驗，但結果還是無法在全球市場上占有一席之地，員工的薪資也跟著一路凍漲。我認為此問題的根源，就在於前述這些汲汲營營的價值創造，尤其是創造利潤的方法。換言之，就是在價值獲取上出了差錯。

說得更明白一點，如今我們已邁入了「價值創造無法創造利潤」的時代，企業必須認真面對「事業該如何調整」的課題。

只要放眼國際，便可看到許多跳脫傳統價值獲取框架，實現全新獲利模式的企業，就是包括 GAFA 在內的那些數位企業。

▶ 03.
善用價值獲取的企業

◆ 價值獲取的概念已改變

帶動全球經濟發展的數位企業，究竟如何獲取利潤？首先，請各

位看看圖表 1-5。相較於圖表 1-1，各位應該可以看出圖表 1-5 右側的價值獲取有些許不同。價值獲取的方法，從原本的「合理售價的訂定與防衛」，變成了「多元營收來源」。原因在於數位企業一直以來的獲利方式，和製造業、銷售業截然不同，這使得「變現」的意義也隨之改變。

製造業的「變現」，指的是透過合理定價，以便將產品或服務轉為營收，進而創造利潤。企業在確定營收的同時，也隨之獲利，所以「變現」會直接影響獲利表現。

相對地，在圖表 1-5 當中，數位企業的「變現」則代表了不同的含義。數位企業的價值獲取，代表的不僅僅是「訂定合理售價，以便銷售產品並確定營收入袋」，它還有「透過其他多種方式來創造利潤」的意涵。

這些數位企業，即使在產品銷售上沒有賺到利潤，他們也不以為意。不僅如此，他們乾脆坦然面對，認定「銷售產品一開始就是無利可圖」，並且積極從其他方面尋找創造利潤的方法。

為顧客創造價值，並取其中一部分當成企業獲利。數位企業完全不拘泥於傳統製造業這一套價值獲取的模式。舉凡免費增值、定額訂閱、計量訂閱、長尾模式、媒合和會員制（membership）等，這些價值獲取手法，都和「銷售產品」的傳統方式不同，數位企業會選用的方案當中，有很具代表性的例子。

如今，這些價值獲取的方式相當奏效，為數位企業創造了龐大的利潤。而疫情又加速了數位轉型（Digital Transformation，DX）的發展，市場預估短期內的趨勢仍舊不變，因此他們的企業價值（股票總市值）成長，堪稱是無可限量。

數位企業用的這些獲利方式，對於習慣單一品項賣斷，賺取營收

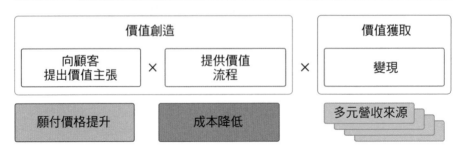

図表 1-5　善用價值獲取的企業

價值創造		價值獲取
向顧客 提出價值主張　×　提供價值 流程	×	變現
願付價格提升	成本降低	多元營收來源

與成本差額的製造業或銷售業者而言，即使明白箇中道理，但到了真正執行時，又會開始裹足不前。他們太習慣傳統的價值獲取思維，也就是抱持著只能透過產品來賺取利潤的觀念，所以即使看到嶄新的獲利方式，恐怕也會認為那些賺錢方法和自家企業無關。

◆開拓多元營收來源

　　數位時代的價值獲取，儘管同樣是以價值創造為基礎，但企業收費的對象卻不限於產品，而是以各種形式，不受拘束地提出創造、放大利潤的方案。企業思考的主題，是該如何從現行事業活動中，創造更多利潤？該在哪個時間點收費，才能提升企業獲利？除了顧客以外，還有沒有誰能貢獻更多利潤？是否有能持續挹注利潤的方法，而不是只有當下的獲利？

　　這些課題的出現，意味著企業除了為產品定價、銷貨賺錢之外，又多了不同的選擇，可以用其他方法來創造利潤。即使在「銷售」上賺不到利潤，企業還是可以從其他營收來源獲利。

其中最具代表性的是臉書和谷歌所採用的「三方市場」，也就是所謂的「廣告模式」。在這一套模式當中，企業利用主要商品——搜尋服務或應用程式所創造的價值，完全不向使用者收費。僅這樣做，當然也就無從獲利。

不過，企業在價值獲取上花了一些巧思，改向其他參與者收費。換句話說，只要把獲利模式改成「從廣告主身上獲利」，企業就能以「免費使用」為號召，贏得顧客滿意，同時又能賺到利潤。使用者既可免費使用，又能享受優質內容，當然會蜂擁而至。不過，要讓這一套模式順利運作，企業與廣告主之間，需要備妥完善的溝通機制。

亞馬遜也善用價值獲取模式，打造了一套機制，讓原本無利可圖的事業也能賺到利潤。相較於那些有實體門市的零售業者，經營電商網站的亞馬遜的確可以大幅撙節成本，但相對也要付出龐大的物流成本。於是結算下來，即使是堂堂電商龍頭亞馬遜，利潤同樣很微薄。不過，亞馬遜懂得用其他方法，來補足短少的利潤。他們將在電商產業培養的價值創造當成基礎，開創出「亞馬遜雲端運算服務」（Amazon Web Service，AWS）這個新的營收來源，並從中創造利潤。

誠如各位所知，蘋果是一家生產、銷售 iPhone、iPad 和 Mac 電腦等裝置的公司。但其實它也是無廠公司，生產都委由合作夥伴執行，真正由蘋果公司操刀的就只有產品企畫而已。因此，蘋果公司的產品，其生產成本都比企業自行產製來得高。於是，他們透過巧妙的品牌包裝，撩撥顧客的情緒，催生出其他同業產品望塵莫及的超高願付價格。

而蘋果的獲利來源還不僅止於此。他們還善用價值獲取，發展出可賺取更多利潤的事業。iTunes 就是這種多元發展的鼻祖。蘋果透過音樂的數位發行，在銷售裝置之外，創造出了不同的收費點。由於 iTunes

是按顧客收聽的曲目數量多寡來收取手續費，故能賺到相當可觀的毛利。即使是在早已享譽全球的蘋果公司，營收來源的多元化發展，仍為企業帶來了「光靠價值創造根本不可能達到」的獲利金額，以及更多的期待。

不過，近來情況似乎出現了些許變化。由於市場上的競品增加，且多數人都已擁有這些行動裝置，因此蘋果產品的銷售趨緩。蘋果公司內部應該也已感受到，未來很難再突飛猛進地創造更多價值。於是他們又調整了服務模式，朝創造利潤的方向邁進。

如上所述，包括 GAFA 在內的數位企業，隨時都在為開拓更多元的營收來源而勇於挑戰，期望能從各項事業當中，創造出更豐厚的利潤。而這樣的挑戰幾乎已成常態。

◆懂得善用價值獲取的企業，其實不只 GAFA

懂得善用價值獲取的企業，其實不只有擅長數位科技的 GAFA 或高科技企業。在製造業或銷售業者當中，也有一些聚焦價值獲取，積極創造利潤的公司。

其中之一是好市多量販店（Costco）。好市多是以便宜價格銷售商品給顧客的倉儲型流通業，換言之就是銷售商品的通路。單就價值創造來看，好市多的利潤非常微薄，按照成本結構結算，很難擠出獲利。

然而，好市多式的價值獲取，彌補了它在成本結構上的不足。因為，好市多祭出了「向上門消費的顧客收取會員年費」的措施。會員年費是好市多預防虧損、創造利潤的源頭。在這一套機制的助攻下，好市多的總市值創下紀錄，在流通業僅次於沃爾瑪。

特斯拉也很懂得善用價值獲取，來創造利潤。其實汽車業界競爭很激烈，新的競爭者就算投入戰局也很難有獲利。除非產量達到相當可觀的地步，否則只會不斷虧損。然而，特斯拉卻能把虧損控制在最低限度，甚至還成功轉虧為盈。他們的這項成就，其實是來自於很特殊的價值獲取機制。

配備多項先進科技，外型酷炫的跑車型四門電動車──大眾往往容易只聚焦在令人耳目一新的價值創造上。但其實特殊的價值獲取一路支持特斯拉且因此受惠，在 2020 年時成功超越豐田，在汽車業界成為總市值領先全球群雄的霸主。

好市多和特斯拉的例子告訴我們：即使是製造業或銷售業，只要在商業模式當中融入創新的價格獲取，就能增加企業的利潤；即使價值創造的方法已完全成熟，只要懂得善用價值獲取，就能創造出新的商業模式。我會用實際的數字，在第 2 章為各位說明這些案例。

▶04.
創新帶來的另一種價值獲取

◆製造業的喜利得，聚焦價值獲取

懂得善用價值獲取能讓以往實質上，只在價值創造上創新的現有事業，出現什麼變革呢？這裡有絕佳的案例。

我要介紹的是把總部設在歐洲中部內陸袖珍國「列支敦斯登」（Liechtenstein）的喜利得（Hilti）。它原本是將工具賣給營造廠的製造業者，做的是 B2B 生意，供應性能卓越的營造工具給客戶。

不過，包括電鑽在內，客戶一旦購買營造工具之後，要等很久才會再下單。

喜利得把產品打造得品質愈高超、愈耐用，客戶就愈不需要修理，下次購買的時機也會往後推遲。於是，喜利得不斷構思，評估能否以最接近「單一品項賣斷」的傳統銷售模式，確實從客戶身上反覆獲取利潤。換言之，他們從價值獲取的角度，重新評估了自家事業發展的方向。

2000年時，喜利得以價值獲取為基礎，調整了既有的商業模式。他們不再把產品賣斷給客戶，取而代之的是提供整套工具長租、替換的服務。如此一來，喜利得就掌握了工具的所有權，並可以持續為客戶提供保養完善的工具，也就是實現了「工具庫管理服務」（Fleet Management）的供應。就這樣，喜利得從一家製造業者，成功轉型為可定期向客戶收費的服務業。

工具庫管理服務的定義，並不是只把過去用於銷售的產品，改為定期收費出租而已。「保養工具」有助於提高客戶的生產力。喜利得還從此延伸，發展出聽取客戶疑難雜症，並給予建議的營造顧問諮詢服務，從工具的保養維修到顧問諮詢。工具庫管理服務成了喜利得規畫出這條發展路線的墊腳石。

喜利得將「為客戶提高生產力」的價值主張升級後，也大幅調整了供應流程。他們升級了服務體制，不再只是生產工具給經銷商銷售的廠商，而是直接上門拜訪客戶、提供服務的顧問。

◆加入價值獲取後，就會大幅改變商業模式

喜利得的業績飛快成長，連帶使得商業模式也出現了很大的轉變。

和只憑「價值創造」在市場上拚搏的狀態相比，加入「價值獲取」的概念後，企業有時可用更大的格局來看待自家事業。我將這樣的發展過程，整理成圖表 1-6。

先請各位看左圖。從圖中可以看出，企業若要以目前的價值創造（1.0），來讓顧客達到非常滿意的狀態，就必須將「售價」設定在趨近「成本」的水準，而利潤就會被壓縮。目前的價值創造並非毫不管用，但因為「目標獲利」更高，所以企業根本無法達成。每家企業都明白

圖表 1-6　價值獲取會改變商業模式

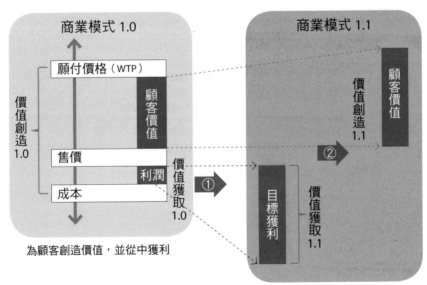

要澈底調查，努力撙節成本。然而很遺憾的是，這些努力很難催生出新的價值創造。要從目前為顧客所創造的價值當中賺取利潤，畢竟還是有極限。

因此，讓我們試著調整對價值獲取的想法。請各位看看右圖。為方便區分，我將左圖的價值獲取稱為「1.0」，右圖的價值獲取則稱為「1.1」。「價值獲取 1.1」跳脫了既往那一套「價值創造 1.0」的框架，希望設想出能從多元選項中，設法創造利潤的模式，因此在機制設計上，會讓這個價值獲取達成目標獲利。

此外，在從「價值獲取 1.0」轉型為「價值獲取 1.1」時，希望讓它穩定套用在自家事業運作的過程中，價值創造也必須配合「價值獲取 1.1」，進行優化。

首先，要改變價值獲取的方法（圖中的箭頭「①」），再依此催生出新的「價值創造 1.1」（箭頭「②」）。因為，這是以價值獲取為出發點，進行價值創造的優化，所以改革價值創造的契機，就會應運而生。

喜得利正是從生產、銷售優質產品的「價值獲取 1.0」，轉變為定期收費式的「價值獲取 1.1」，再配合這個轉變，發展顧問諮詢業務等，成功轉型為服務業式的「價值創造 1.1」。可見即使是製造業或銷售業者，仍能以價值獲取為出發點，進行商業模式的創新。

◆獲利創新，改革價值獲取

一直以來，當「創新」一詞在商業脈絡下出現時，都代表了「價值創造創新」的意涵，毫無例外。這種「創新」的前提，就是它們都是透過「價值創造的創新」，例如新產品、新技術研發或製程創新等所

企業現狀	價值創造創新

價值創造

→

帶來的成果。不論是在業界或學界，這個認知都能暢行無阻。換言之，若以圖表 1-7 的「創新」而言，所有企業都是以「價值創造創新」為目標。

　　然而，如前所述，傳統的價值創造，不見得一定能創造利潤。在這樣的狀態下，若要創造利潤，就要連同價值獲取也一併改革。價值創造可以創新，同樣地價值獲取應該也有值得稱為創新的元素。在本書當中，我把這種價值獲取層面的創新稱為「獲利創新」。所謂的獲利創新，就是要跳脫堪稱「行規」的既有價值獲取機制，引進新的利潤創造手法，以催生出超乎預期的利潤。

　　企業可藉由獲利創新，開創出傳統框架無法定義的創新事業，進而賺得比以往更豐厚的利潤。

　　一看到 GAFA 的名號，想必大家都會盛讚它們的價值創造創新是多麼了不起。GAFA 的傲人成就，當然毋庸置疑。不過，GAFA 所推動的創新，可不只有在價值創造層面而已。它們隨時都在關注價值獲取，不斷推動許多堪稱獲利創新的作為。

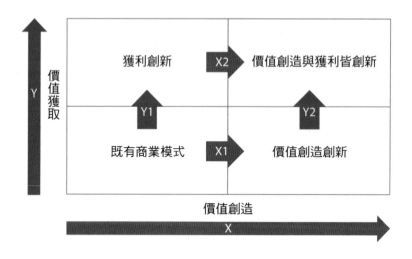

谷歌從草創之初，就一直嘗試錯誤，不斷改變價值獲取的模式。[2]

蘋果也經歷了幾番波折，才在 1999 年推出 iMac 之後，開始步上軌道，並期望藉由 iPod 上市，讓公司完全擺脫破產危機。

臉書剛開始就確立了一套酷炫的服務，使用者人數也順利增加，卻一直無法創造利潤。[3]

亞馬遜在電商平台上，為顧客提供了極具吸引力的消費體驗。然而，在這個價值創造的背後，研發費用不斷膨脹，導致亞馬遜長期虧損，當年外界都在擔心這家公司到底能存活多久。

這些企業在打破困境之際，都調整了價值獲取的方法，也就是嘗試推動獲利創新。

2　約翰‧穆林思（John Mullins）與藍迪‧高米沙（Randy Komisar）（2009）
3　這個故事，在電影《社群網戰》（The Social Network）中有很詳細地描述。

我以為很多企業沒察覺到此點，只聚焦在價值創造上。但後來卻發現目前檯面上那些備受矚目的企業，很多都是既擅於價值創造，同時也在價值獲取上費盡心思。他們都在推動獲利創新，無一例外。

圖表 1-8 說明了這些企業做的事。橫軸是指價值創造的進化，而縱軸代表的則是價值獲取的進化。

凡是採用業界標準商業模式的企業，就會出現在圖表的左下方。只要是設定以「價值創造」為經營主題的企業，絕大多數都會沿著橫軸方向，推動價值創造的創新。換言之，以圖表上的位置來看，就是希望能沿橫軸「X」逐步向右推進（X1）。企業存在的目的，終究是要讓顧客滿意，因此企業會無條件地推動價值創造的創新。

而目前備受各界矚目的是像 GAFA 這樣，不僅推動價值創造的創新，也在價值獲取上積極創新的企業。這些企業會出現在圖上的右側，而且還是右上的位置。

想達到這個境界，有兩條路線可以考慮：第一條路線，就是先做到價值創造的創新（X1），再朝價值獲取的目標邁進（Y2），以期能賺得更多利潤，而這也是多數企業選擇的方向；另一個路線則是從現狀直接切入獲利創新（Y1），並在打造合適價值創造的過程中，找出新的事業（X2）。

不管循哪一條路線，理論上最終應該都可通往兩者皆成功創新的「價值創造與獲利皆創新」。不過，選擇優先推動價值創造的這一條路線，要直接連結到利潤產出，恐怕沒有說的那麼容易。

為什麼這樣說？因為企業即使不斷多方嘗試錯誤，例如活用行銷創意與思維，或者積極取得最先進技術，推動製程創新等，最後真正能成功做到價值創造的企業，只有其中的極少數。之後還要再進一步思考創造豐厚利潤的方法，那更是一條令人不知該如何是好的難路。

就算在價值創造創新的階段成功（X1），產品也不是打從一開始就在計算利潤的情況下設計。因此，為配合價值獲取的變動（Y2），企業必須重新設計產品或服務。如此一來，嘗試錯誤的措施就會變多，導致企業的利益創新難以實現，價值創造和價值獲取都無法開花結果。

選擇這一條路線需要投注大量的時間、資金和勞力。然而，當今社會，根本沒有哪一家企業可以那麼悠哉。畢竟在長期耕耘的過程中，除了耗費企業的現金，產品還會面臨過時的風險。

◆「利潤的容器」有多大？

我們活在「對數位化習以為常」的現代社會，還曾經歷過天災人禍等急難，因此對大家而言，「以價值獲取為優先」的路線，會是比較理想的選擇。一開始先以獲利創新為目標（Y1），設想以各種形式獲取利潤，之後再推動價值創造的創新（X2）。先想著要創造出超越現況的利潤，再組合出一套事業版圖，也就是要事先備妥收成利潤用的容器（圖表 1-9）。

就算採取這個做法，到頭來還是需要價值創造的創新。各位可能會覺得此為瓶頸，但企業若從一開始就推動獲利創新，便能為價值創造帶來新創意、新靈感。此外，這個做法是先從擬訂目標獲利開始往回推敲，比茫然在黑暗中摸索相比，價值創造創新的方向更為明確。

價值創造與價值獲取，這兩者都是企業必須做到的目標。換句話說，只要兩者都能達成即可，順序並不重要。既然如此，那麼以獲利創新為優先，也不會有任何問題。

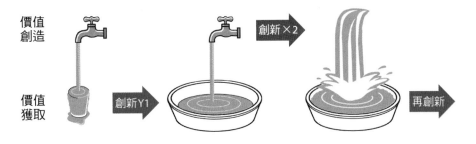

圖表 1-9　先換掉盛裝利潤的容器

價值
創造

價值
獲取

創新 Y1

創新 ×2

再創新

◆獲利創新會帶動價值創造的創新

　　價值創造的創新，有創意、技術上的極限，還有資金上的限制。固然要突破這些限制，才是貨真價實的價值創造，但這樣的成功門檻確實太高。由此可知，價值創造的創新，的確是非常艱困的任務。

　　不過，以結果來看，先推動獲利創新，就能創造出推動價值創造創新的契機。在追求創新之際，一起步就從獲利的角度切入思考——這種異於平常的流程，有時可激發出一些新創意，說不定還能間接帶動困難的價值創造創新發生。

　　對於那些向來都在價值創造的路上，持續邁進的企業而言，要改用 Y1 這一套立刻投入獲利創新的劇本，可能會有些抗拒，或者心生疑惑，猜想：「這一套方法真的可信嗎？」

　　然而，已有多家企業用了這一套劇本，實際推動改革。例如，除了前面介紹過的喜利得，以及有史以來規模最大、最成功的訂閱企業賽富時（Salesforce），還有同樣因為改採訂閱制而脫胎換骨的奧多比（Adobe），和有 2021 年 3 月期（2020 年 4 月到 2021 年 3 月）財報報喜，拿出逾兆日圓淨利，堪稱日本之光的電子企業——索尼集團（SONY）等。

這些企業，都是實際對自家企業「能賺得多少利潤」懷抱問題意識，並重視獲利創新的企業。

　　早期曾走過輝煌年代，一直以來不斷追求顧客價值與利潤創造優化的製造業和銷售業，在推動獲利創新後，對企業所帶來的影響會更顯著。

05.

▶ 從獲利創新出發，推動事業改革
——漫威復活的原因

　　獲利創新既可拯救企業走出困境，還能催生出新的商業模式。漫威的復活大戲，就鮮明地體現了這個道理。看過它的故事之後，我們可以學到：一家出版業界的老字號，儘管曾歷經破產，但在事業大幅轉型之際，價值獲取仍扮演了相當舉足輕重的角色。

◆ 從出版社轉型為電影工作室

　　如今全球影史的票房排行榜，可說是美國漫畫的天下。當年上映時、榮登影史賣座冠軍寶座的《阿凡達》（Avatar，2009 年），在成績高懸十年後，才由《復仇者聯盟 4：終局之戰》（Avengers：Endgame）以約 28 億美元的金額刷新票房紀錄。它的前一集作品於 2018 年推出，也以約 20 億美元的票房名列影史第五。不僅如此，復仇者聯盟系列的第一集（15 億美元，第八名）和第二集（14 億美元，第十一名），還有其他設定了

相同世界觀的系列作品，也都名列前茅。

　　而催生出這些作品的企業，正是創作出無數經典漫畫和角色的美國漫威公司（Marvel）。面對如此輝煌的成績，如果我們只聚焦在這些「作品」本身的好壞，就會誤判漫威成功的本質。

　　漫威走過重重困境，終於找到的「商業模式」，才是他們成功的本質所在。漫威面對商業模式的態度，可以跨越國境與業種業態的隔閡，在獲利創新帶給每一家企業很大的啟示。

　　若從獲利創新的角度來解讀，漫威的歷史大致可分為三個時期（圖表 1-10）：以出版為核心的第一期，將爭取授權收入為目標的第二期，以及拍板決定製作電影後的第三期。接著，讓我們依序往下看。

◆ 第一期：身為出版社的苦惱

　　漫威成立於 1939 年，當初以漫畫出版社起家，才剛開始出版作品，很快就嘗到了成功的滋味。就「製作、銷售圖書，從中創造利潤」的層面來看，漫威當年在出版業界所經營的事業，極其平凡，但他們接二連三推出了好幾部充滿創意的漫畫作品，包括《蜘蛛人》（Spider-Man）、《X戰警》（X-Men）等，當時都轟動熱賣。

　　然而，自 1970 年代後期起，漫威將這些作品翻拍成電影，卻因完全無視漫畫原著設定的世界觀，導致角色原有價值遭到破壞，而漫畫本身的銷量也呈現低迷狀態，於是漫畫家紛紛出走到其他競爭同業，公司因此面臨了存亡的危機。

　　最決定性的關鍵，是在投資名人、同時也是企業再生專家羅納德・佩雷爾曼（Ronald Perelman）收購漫威後所發生的事。佩雷爾曼對漫

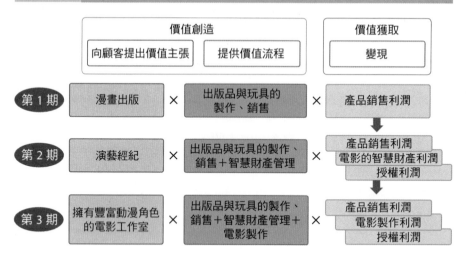

圖表 1-10 漫威的事業創新

	價值創造		價值獲取
	向顧客提出價值主張	提供價值流程	變現
第1期	漫畫出版	出版品與玩具的製作、銷售	產品銷售利潤
第2期	演藝經紀	出版品與玩具的製作、銷售＋智慧財產管理	產品銷售利潤 電影的智慧財產利潤 授權利潤
第3期	擁有豐富動漫角色的電影工作室	出版品與玩具的製作、銷售＋智慧財產管理＋電影製作	產品銷售利潤 電影製作利潤 授權利潤

威的核心事業——漫畫出版一無所知，卻貿然選擇了草率的價值獲取手法，包括大幅調漲漫畫售價，與零售通路直接交易等，這導致漫威在1997年黯然宣布破產。

漫威與關係人歷經十八個月的協商之後，終於在1998年10月，確定由漫威的關係企業——玩具製造商「ToyBiz」的老闆艾克・帕爾穆特（Ike Perlmutter）和阿維・阿拉德（Avi Arad）拿下漫威的所有權。自此之後，漫威才打破了原本「漫畫出版社」的窠臼，在事業上展開大規模的轉型。

◆ 第二期：靠獲利創新翻身

1999年7月，帕爾穆特延攬了知名的企業再生專家彼得・庫涅

（Peter Cuneo）來擔任執行長。傳統出版社的價值獲取機制，不僅庫存風險高，毛利也低。差強人意的營收，對利潤幾可說是毫無助益。庫涅為了將漫威改造成具獲利的體質，便推動了獲利創新。

該如何運用漫威現有的資產，創造出更多利潤？庫涅想到的方法，是運用漫威旗下角色的智慧財產（Intellectual Property，IP），發展授權事業。漫威旗下共有超過 4,700 個漫畫角色，因此他想到可以開設一家「演藝經紀公司」，讓漫威的漫畫角色全都納入麾下。

這個時期，漫威提供給顧客的價值創造，是在不破壞角色特質的前提下，請好萊塢的主流片商翻拍成電影，進而帶動出版、玩具事業銷量。

庫涅積極運用這套機制，把《X 戰警》交給二十世紀福斯影業（Twentieth Century Fox，現已更名為二十世紀影業），《蜘蛛人》交給索尼影業（Sony Pictures），《綠巨人浩克》（Hulk）則委由環球影業翻拍成電影。不論電影是否賣座，漫威都註定可以拿到高額的授權收入，不需承擔任何風險。

蜘蛛人系列翻拍成電影的成果最為顯著。在 2002 與 2004 年，漫威的營業利益有半數都來自於蜘蛛人的貢獻；就連沒有新作品上映的 2003 年，蜘蛛人都為漫威挹注了三分之一的營業利益。到了 2004 年，漫威總算還清負債，開始累積盈餘，股東權益穩固，蛻變成一家體質健全的企業。

當時，授權事業的確是很理想的價值獲取機制，因為漫威既可收到預付的著作權使用費，還可視電影票房收入，分到一定比例的權利金。這項事業在漫威從重建走向健全化發展的過程中，貢獻良多。

◆ 第三期：更進一步推動獲利創新

有了健全的財務體質之後，為了追求更多的價值獲取，漫威轉向自行投入電影製作，並承擔風險。一般而言，製作電影只要票房大賣，就能有龐大的收入進帳。但電影的投資規模相當可觀，風險相對也高，所以進入門檻非常高。而漫威則是藉由和主流片商合作的經驗，學會了該怎麼合理評估電影製作的風險。

驅使漫威決定獨資製作電影的契機之一，是因為授權能收到的利潤，和電影的票房收入太不成比例。漫威體認到這些漫畫角色的重要性之後，研判與其繼續發展授權事業，消耗角色魅力，倒不如自己妥善運用這些角色，再次提升它們的價值，並從中獲取相應的價值，這才是漫威該走的正確路線。

在既往的價值獲取當中，再加入電影製作所帶來的利潤，可以承諾獲利。這其實在推動一場價值創造創新，而它的內涵則是連漫威的價值創造層面都翻新，讓漫威從演藝經紀公司轉型為電影製作工作室。漫威也重新打造過去只為了方便管理版權而設立的「漫威工作室」（Marvel Studios），讓它從原本徒具形式的辦公室，變成了實際操刀電影製作的獨立電影製片廠。於是，漫威隨即成功以低利向美林證券（Merrill Lynch）融通了 5.3 億美元，並以這筆款項當成本金，製作出真人版《鋼鐵人》（Iron Man）電影。

其實《鋼鐵人》的誕生，是因為《蜘蛛人》和《X 戰警》都簽了長期的授權合約，漫威無法使用，他們因此迫於無奈，做出的選擇。當年漫威還用了好萊塢演員中演技實力深厚、但臭名在外的問題人物——小勞勃道尼（Robert Downey Jr.）。

這樣的選角讓觀眾深感詫異。這是因為當年漫威在電影製作這一

行還是菜鳥，也請不起片酬昂貴的演員所致。一般而言，電影公司會有法律遵循的問題，選角時會自動排除形象欠佳的小勞勃道尼。然而，漫威卻選擇尊重當時負責打造漫畫世界觀的創意工作者，以他們的意見為優先考量。他們認為小勞勃道尼玩世不恭的形象，完全符合東尼‧史塔克（Tony Stark）的角色設定，才大膽做出了這個決定。

角色知名度不如漫威旗下其他角色，擔綱的又不是知名巨星或大導演……漫威無視市場擔憂，依漫畫的世界觀設定，忠實打造出《鋼鐵人》電影。上映後，其票房收入勇奪全美排行冠軍，最終全球票房達到約 5.9 億美元，成了大受歡迎的賣座強片。

這樣的票房佳績，不是出自「請名演員、大導演，拍賣座片」的好萊塢式做法，而是基於「角色至上之電影製作」的價值創造模式，所帶來的成果。後來，漫威推出的一連串作品，包括《無敵浩克》（The Incredible Hulk）、《雷神索爾》（Thor）和《美國隊長》（Captain America）等，都證明了漫威的價值創造，是何等牢不可破且有效。

況且這些作品雖然各自獨立，卻有著共同的價值觀，漫威還設計讓它們最後都整合在《復仇者聯盟》（The Avengers）之中，而這正是所謂的「漫威電影宇宙」（Marvel Cinematic Universe，MCU）。

漫威電影「具一致性的價值觀」，要在「以角色為核心的電影製作公司」的價值創造模式之下，才得以實現。而在這種環境中孕育出來的一部部電影作品，迄今仍深受影迷的喜愛。

◆ 獲利創新與價值創造創新的正向循環

從營收和營業利益等實際的數字中，也可以明確讀出漫威推動事

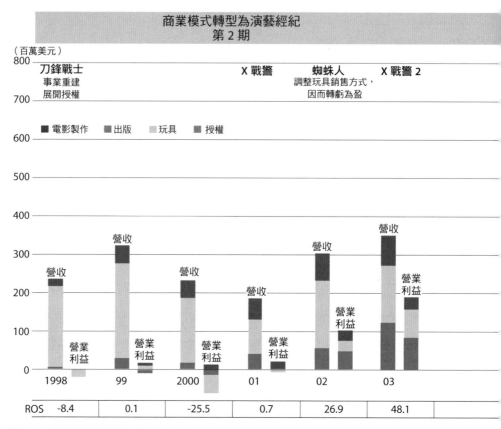

商業模式轉型為演藝經紀
第 2 期

（百萬美元）

刀鋒戰士
事業重建
展開授權

X 戰警

蜘蛛人
調整玩具銷售方式，
因而轉虧為盈

X 戰警 2

■ 電影製作　■ 出版　■ 玩具　■ 授權

	1998	99	2000	01	02	03	
ROS	-8.4	0.1	-25.5	0.7	26.9	48.1	

備註：表中作品除鋼鐵人之外，皆為授權外部影業公司製作。
資料來源：作者依漫威企業各年度年報編製。

業改革的成果（圖表 1-11）

　　首先，漫威在第二期時，靠著授權的價值獲取而成功翻身。漫威
在 1998 年開始走上重建之路，當時還是一家營收約兩億美元，營業利
益呈現虧損的企業。後來，漫威靠著賺取授權收入，改變了價值創造

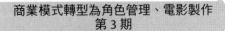

商業模式轉型為角色管理、電影製作
第 3 期

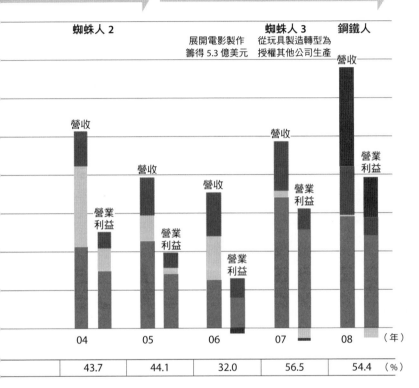

的內涵，並於六年後，也就是 2004 年，繳出了年營收突破五億美元，
營業利益認列 2.5 億美元，營業淨利率（Return on Sales，ROS）也突破
40%的亮麗成績。從此看得出漫威已搖身變成了一家超級優良企業。

　　至此漫威已在價值獲取上成功，獲利基礎也很穩固。然而，他們

並沒有停下腳步，安於當時到手的獲利水準。漫威選擇追求更高層次的價值獲取，催生出一家電影製作公司，並就此轉型進入了第三期。

而在這一套商業模式下推出的《鋼鐵人》電影大獲成功，漫威因此在 2008 年營收創新高，達到約 6.8 億美元；獲利也改寫紀錄，來到約 3.8 億美元的水準。隨著價值獲取機制的進化，漫威也不斷優化價值創造的方法，最後甚至大幅改造了自家的商業模式。

從圖表 1-11 當中，我們可以看出：漫威在大幅調整營收與獲利配置比例的同時，也持續更新獲利結構。到了第三期，製作電影的計畫成真後，更推升了漫威的 ROS 水準，續連兩年都突破 50%。

就在第三期開始繳出傲人成績的 2009 年，市場上傳出了一則震驚全球的大新聞：迪士尼以 42 億美元的金額收購了漫威。一家破產的老字號漫畫出版社，曾幾何時竟已成為全球主流片商旗下的一員，如今更是當中的台柱，影響力甚至足以改寫電影界的歷史。

漫威這場華麗的改革教會我們很寶貴的一課：處於艱難困苦之中，更要用心打造商業模式。不論是哪一家企業，一旦陷入困境，資金周轉都會是當急要務。這時就要以獲利創新為最優先考量，直接著手推動無妨。

不過，即使是以獲利創新為主軸，也別忘了適時推動價值創造創新。事業是由「價值創造」和「價值獲取」這兩個元素組成，兩者相互依存。就算其中何者表現特別出類拔萃，企業還是無法實現「讓顧客滿意，企業也能從中獲利」的事業目的。

◆ 創新的路線

前面介紹了漫威的商業模式改革，若從價值獲取和價值創造的角度來分析，就會如圖表 1-12 所示。

很多人認為，像漫威這種重視創意的企業，應該是透過價值創造創新來發展各項事業。然而，令人意外的是，獲利創新才是漫威大展鴻圖的契機（【從第一期開始推動的創新】）。即使是創作意願和能力兼具的企業，只要在價值獲取上的進展不順利，當然就會在資金調度、周轉上吃足苦頭。

所以，漫威要先透過價值獲取重建經營，讓公司回到有能力進行創作活動的正常狀態。再配合重建經營的進度，推動價值創造層面的升級，商業模式就能脫胎換骨、應運而生。

漫威並沒有就此滿足。他們爭取到演出、呈現「電影」的場域之後，又為了更善加運用翻新過後的價值觀，便大刀闊斧地推動獲利創

圖表 1-12 **漫威的獲利創新**

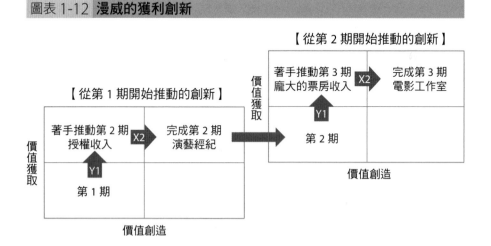

新，並且配合獲利創新的方向，建立全新的價值創造模式，催生出了一家在全球極具代表性的電影製作工作室（【從第二期開始推動的創新】）。

相對地，漫威的勁敵「DC漫畫公司」（Detective Comics）在電影圈的發展，就不如漫威成功了。他們無法統一作品翻拍成真人電影時的世界觀，推出的作品只能勉強算是有票房。於是，他們就只能處於「價值獲取機制不穩定，價值創造也看不到太大進展」原地踏步的狀態。

企業往往會安於源源不絕進帳的利潤，這使得主管、員工傾向不太願意去改革價值創造。然而，一旦安於現狀，企業恐怕就會慢慢走向衰敗。

漫威的案例告訴我們：「從價值獲取，逐步邁向整個商業模式的改革」的做法其實相當有效。漫威絕不是特例。它為所有製造業和銷售業，帶來了很重要的啟示。

▶ # 06.
歡迎來到獲利創新的世界

企業不只改變價值創造的內涵，同時也推動價值獲取的改革，就能讓顧客更滿意，獲得更多利潤。尤其是那些因為聚焦在價值獲取，而苦於無法在價值創造上推動創新的企業，必能從中拓展視野，進而發展出有別於其他同業的事業。

◆ 價值創造的心理障礙

前面我們探討了獲利創新的重要性。如果要直言不諱的話，我想應該可以這樣說：日本的製造業和銷售業，恐怕都太輕忽價值獲取的重要性，便一頭熱地推動創新。

為什麼以往有這麼多企業只談價值創造的創新，或只探討價值創造的商業模式？

因為這些企業享受到了價值創造所帶來的成功經驗；而就是這些成功經驗，讓他們只願意談價值創造。

過去長期因製造或銷售而叱吒風雲的日本企業，很擅於打造價值創造的框架，因此接二連三地推出了許多暢銷商品。再加上 1980 年代的泡沫經濟景氣推波助瀾，讓日本企業創造出了相當可觀的利潤。還有，早期日本資本成本偏低，也造就了當時企業容易獲利的環境。

於是，當時的日本企業就算只運用價值創造的框架，也能不費吹灰之力就創造出利潤。企業成功打造出「再怎麼隨心所欲活動，都還是會有利潤」的經營體質，而那種凡事順風順水的時代，也持續了好一段時間。當年那段遍地黃金的光輝歲月，也是日本企業橫掃全球的時代。

到頭來，這段經驗只為日本企業留下了一個毫無根據的信念——只要拚命投入價值創造，日後一定會有獲利進帳。尤其日本企業在製造和銷售上，享受過此觀念所帶來的成功經驗，因此更是把發展重點放在價值創造上。

我把這種現象，稱之為「價值創造的心理障礙」。「價值創造的心理障礙」指的是，企業認為事業發展自始至終就只需要仰賴「價值創造」，因此僅需重視剩餘的「利潤」，並對此深信不疑。

在價值創造過程中的剩餘，固然也是一種利潤沒錯，但其實只要跨出價值創造的框架，把關注的焦點轉向價值獲取，就會發現創造利潤的方法其實五花八門，多不勝數。有些企業縱然明白這個道理，卻無法實際著手推動，我認為原因恐怕就在於過去的成功經驗，對企業造成了「價值創造的心理障礙」。

諷刺的是，價值創造的心理障礙其實一直在剝奪企業在價值創造上的自由。許多日本的製造業和銷售業，一方面在意利潤，同時又要思考如何在願付價格與成本的夾縫中，將價值創造放大到極限，並一路努力至今。然而，我希望各位明白：其實還有很多創造利潤的方法，都藏在價值獲取的框架裡。

所謂的價值獲取，就是企業從事業活動中賺取利潤。它最主要的活動，就是要創造出利潤。如前所述，已有很多企業以價值獲取為核心，實際推動了創新。

獲利創新還有一項功能，就是能讓自家企業的價值創造更盡善盡美。因為發展獲利創新之際，我們必須從各種不同的角度，對自己提出許多疑問，例如：若想創造更多獲利，除了現有顧客之外，還能向誰收費？收費對象是否不一定是針對顧客？是否用非主力商品收費即可？目前公司還有什麼可收費項目？後續想投入時間，醞釀更多獲利，此時的體制是否夠完備？善用獲利創新來建構商業模式，就能用更自由的創意發想，催生出新事業。

獲利創新能為企業增加許多可能有機會跨足的事業選項。只要善用獲利創新，以往我們認為只能靠義工打造的某些組織，也能發展成新事業。

◆ 為什麼要對利潤這麼堅持？

在本書當中，為了向各位說明嶄新的獲利創造手法，我會聚焦在一些既有價值獲取概念沒有網羅到的、更多元的營收來源，為各位說明可為企業創造利潤的「變現」。

聽到變現，很多人就會想到營收，對它抱持「創造營收」的印象。然而，在本書當中，我們要對「創造利潤」堅持到底，因此我決定改用「盈利化」（profiting）一詞。[4] 圖表 1-13 呈現的就是變現和盈利化之間的差異。

變現著重的問題是如何創造營收（銷售額）；而盈利化要處理的則是利潤的問題。這乍看之下似乎沒有什麼不同，但在評估新的營收來源時，從營收和獲利角度分析，就會出現很大的差異了。其中最明顯的例子，就是衡量新營收來源對本業造成的影響程度。

在變現的框架下，我們總會特別關注銷售額的多寡。證據就在於當企業有多種不同的營收來源時，我們會特別顧慮「銷售占比」。

然而，光看銷售占比會造成判斷失誤。當企業發展出多元的營收來源時，把這些營收拿來和本業相比，還是容易顯得微不足道。例

4　實際上，通常大家指稱的「營收模式」，多半是指本書當中談及的利潤創造方法，這在字詞用法上顯有矛盾。然而，會出現這個問題非常合理。因為在日文中被譯為「營收模式」（収益モデル）的詞彙，原文其實是「profit model」（McGrath and MacMillan〔2000〕；Itami and Nishino〔2010〕）、「profit mechanism」（Gassmann et al. [2014]）或「earning logic」（McGrath and MacMillan〔2000〕）。這些詞彙所探討的，顯然不是營收（revenue），而是「利潤創造方式」的問題。由於意指「利潤」的 profit 或 earning 在日文中被譯成了「收益」（即中文的「營收」），所以模糊了對「利潤」的聚焦程度。

圖表 1-13　從變現到盈利化

變現 monetizing	→	盈利化 profiting

【功能】創造銷售額（營收）
【課題】如何增加營收
【指標】營業額的增長
【對比】新營收對比本業的營收

【功能】創造利潤
【課題】如何增加利潤
【指標】利潤的增長
【對比】新利潤對比本業的利潤

如，可能是 100 億日圓對 2 億日圓，就比例而言是 50 比 1。然而，如果覺得這樣的營收不多，便選擇切割的話，恐怕就太操之過急了。事實上，在企業當中應該有很多營收來源，就是這樣被忽略的。

不過，當我們用「獲利占比」來分析這樣的營收來源時，事情就變得完全不一樣了。假如貢獻 100 億銷售額的本業，營業利益率是 5％，而外加的其他營收來源幾乎不需花費額外成本，營收 2 億可以直接視為利潤呢？以利潤來比較的話，金額會是 5 億（100 億日圓 ×5％）對 2 億（2 億日圓 ×100％）。就營業利益來看，新營收來源的貢獻度，是本業的 40％（2 億日圓 ÷5 億日圓），影響可說是舉足輕重。

假如本業出了問題，造成 2 億日圓的虧損，那麼在獲利占比上，就會變成「負 2 億日圓」對「2 億日圓」，等於是新營收來源有能力彌補本業所造成的虧損。所以，從利潤的角度來看，對新營收來源的印象就會截然不同。

如此有分量的獲利表現，若選擇從營收（銷售額）的角度來論斷，這個營收來源就會被忽略；要從利潤的觀點來檢視營收來源，才能做出正確、合宜的判斷。

本書的目的是要幫助企業拼湊各種營收來源的利潤，創造出能帶來事業最終獲利的機制，因此在本書當中，會將「如何創造利潤」這件事稱為「盈利化」。

　　此外，所謂的利潤其實也有很多種。光在會計上談的「利潤」，就多達五種。[5] 此部分也容易產生混淆，因此本書中除另有說明外，「利潤」指的都是營業利益，以及以營業利益為基礎的營業淨利。

◆ 從獲利創新出發，改變商業模式

　　本書要呈現的，是先著手推動獲利創新，再經過價值創造的創新之後，最終改變整個事業的方法，全書結構如圖表 1-14 所示。

　　在第 2 章當中，我會分析獲利創新能為企業帶來什麼影響。此處我將用財務數據當成佐證，帶各位看看實際運用「價值獲取」概念的企業，如何「活用多元營收來源，拓展事業版圖」真實狀況。

　　到了第 3 章，我會告訴各位目前有哪些新的價值獲取，並介紹其中最具代表性的三十種方法。

　　進入第 4 章，我會說明實際推動獲利創新時，需要了解的前提，也就是本書的關鍵要點——「營收來源多樣化」的具體概念。首先，我們會先將營收來源拆解成幾個組成元素，也就是收費點、收費對象和

5　會計上的利潤，有營業毛利（毛利）、營業利益、經常利益、本期淨利和稅後淨利。而日本企業向來最重視的，是「經常利益」這個扣除應付利息之後的利潤項目。這是因為傳統上，許多日本企業都仰賴向銀行借款（間接金融）來追求成長所致。

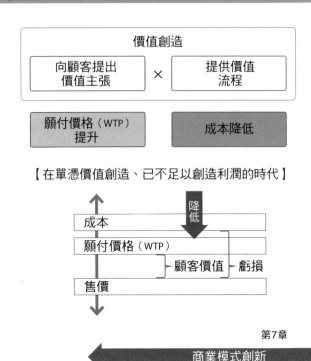

圖表 1-14 透過獲利創新來建構新的商業模式

【在單憑價值創造、已不足以創造利潤的時代】

收費時機,以便盤點企業究竟有哪些營收來源。本書要處理的問題是「盈利化」,卻在此深入分析「營收」,其實有其原因,因為我們很難看出利潤藏在哪裡。所以,本章會先從銷售額和售價等比較容易觀察到的營收項目來切入探討。不過,我們的目的,終究還是要放大企業利潤。本章我會以這些內容為基礎,說明相關概念和各項組成元素。

而在第 5 章當中,我會再詳述第 4 章篩選的收費點、收費對象和收費時機,以及該如何運用它們來創造利潤,還有它們該怎麼搭配組合。獲利創新要能看到成果,就必須在一定的系統下,建立新的價值

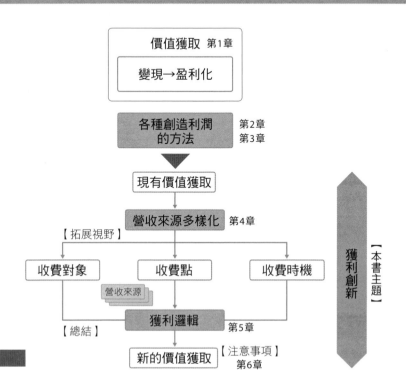

獲取。我在本章會用「獲利邏輯」來呈現這個概念，並介紹如何透過獲利邏輯，來讓企業系統性地獲利。

到了第6章，我會探討製造業和銷售業最容易著手推動的價值獲取——訂閱制（subscription），以及它的上位概念「經常性收入模式」（recurring revenue model），並談談企業該如何面對這些價值獲取。

最後在第7章，我會說明當企業在運用營收來源多樣化、盈利化等一連串獲利創新，讓整個商業模式改頭換面之際，有哪些注意事項和必要條件。

讀完本書，想必各位就能明白：價值獲取對每一家企業都很重要。不論是接下來打算調整價值創造的企業也好，或是已多次挑戰改革價值創造的企業也罷，都能透過價值獲取，從完全不同於以往的角度推動商業模式的全面創新，並成就更大規模的改革。

　　對「創新」抱持了新觀點之後，就能大大改變各位對事業的看法。說不定各位服務的企業，其實早有許多營收來源，只是一直都被忽略；或者也可能早有一些可供發展創新的契機，只是一直都被冷落。讀完本書，各位應該就能發現它們的存在。

　　商業模式的改革永無止境。只要把價值獲取當成盟友，相信不論是何種企業，都能擘畫出更生猛活潑的事業藍圖，進而發展出嶄新的價值創造。

獲利創新的先進案例

在本章中，我們要看的是在獲利創新方面大有斬獲的五家企業。這些企業運用價值創造推動創新的作為，在市場上早就享有盛名，但其實他們的價值獲取，也都非常獨特。他們完全不受其他同業的常識囿限，善用價值獲取的概念，推動了獲利創新。

因此，我們攤開這些企業的財務數據，看看他們究竟是以何種形式，實現了獲利創新的想法。

▶ 01.
價值獲取出現轉變

用 Mac 和 iPhone 等蘋果產品工作，在亞馬遜購物——想必很多人已無法想像少了它們，日子該怎麼過了吧？如今，說是蘋果和亞馬遜在製造、銷售領域上，樹立了價值創造的新標準，一點也不為過。

就現階段而言，其他企業要和他們搶攻同領域的難度相當高。畢竟蘋果和亞馬遜已經實現了那麼多價值創造，而且個個都達到了相當豐厚的獲利。

同樣的成功方程式，現在也傳進了傳產的汽車產業和流通業。

至於在科技業當中，則有特斯拉打造出迷人的電動車款，並搶先在市場上占得了一席之地。特斯拉向顧客主張的價值，不只單純有電動車的提案，還包括跑車等級的性能，以及最先進的自動駕駛技術，讓消費者對特斯拉產品深深著迷。其實特斯拉也算是新興的汽車製造商，儘管它在 2019 年度之前都還持續虧損，但資本市場認為，等特斯拉轉虧為盈時，它就會獨霸整個電動車市場。後來特斯拉的總市值超越了豐田，成為全球汽車製造業的龍頭，忠實地反映了市場的預期。

好市多則是一家如倉儲中心般的賣場。它提供了購物空間、便宜的價格，和有「好市多規格」之稱的大分量商品。每家好市多都位在郊區，顧客為了方便大量採購，多半會開車前往，所以好市多的停車場總是大塞車。要是哪裡開了一家好市多，附近原有的商店街根本就無法與之抗衡——因為它們就算知道好市多的價值創造很高明，但與好市多的價值獲取截然不同，所以不可能創造出相同等級的獲利。

　　至於可說是製造業，也能算為銷售業的娛樂業界，則有網飛（Netflix），其為業界的價值獲取掀起了很大的變革。網飛靠著定額訂閱制賺取穩定利潤，成就了新的價值創造。實際上，好萊塢電影產業的確對網飛相當戒慎恐懼。就連在奧斯卡金像獎上，網飛也成了入圍的常客，甚至已抱走過好幾項主要大獎。

　　我們總是比較容易著眼於這些企業的價值創造，但其實它們在價值獲取方面，也推動了很多創新的作為。若以圖表 2-1 來看，它們都會出現在右上角，是「價值創造、獲利創新」都很成功的企業。這些公司會去思考在「價值獲取」這條縱軸（Y）上，究竟還能做些什麼，並在推動價值創造的同時，如何以不受常識限制的形式創造利潤（Y2）；或者是在草創之初就沒有選擇其他同業常用的盈利化手法，而是推出新事業，在業界掀起獲利創新（Y1）。

　　通常當企業有心推動創新的價值創造時，往往容易聚焦發展橫軸（X）。但上述這些企業更懂得從不同的角度拓展視野。換言之，就是關注縱軸（Y），探索是否還有其他新的價值獲取方法，也就是挑戰獲利創新。

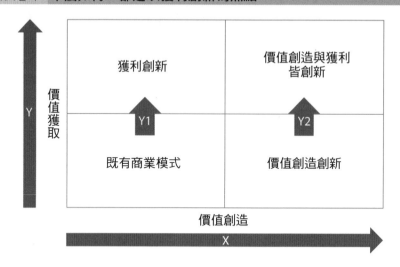

圖表 2-1　不論如何，都是以獲利創新為焦點

獲利創新

價值創造與獲利
皆創新

價值獲取
Y

Y1

Y2

既有商業模式

價值創造創新

價值創造
X

▶ 02.

懂得創新的企業，價值獲取也很創新

接著，就讓我們以蘋果、亞馬遜、特斯拉、好市多和網飛為例，來看看獲利創新在數字上會有什麼表現。

◆ 蘋果：用卓越的「產品」和「技術」獲取價值

蘋果的生產方式，是沒有製造部門的「無廠生產」（fabless）。既然產品都是外包生產，成本自然也就偏高。因此，若想有利潤，就必須加大生產規模，盡量壓低成本，否則就要提高售價。一般的智慧型手

機，售價只要超過 1,000 美元就會完全賣不動，但蘋果的 iPhone 卻可以很暢銷——這是因為他們提升了品牌價值，進而推升了顧客的願付價格所致。同時，iPhone 也在全球大量銷售，降低了成本，讓蘋果這一套價值創造得以成立。

不過，即使是大名鼎鼎的蘋果，要再進一步推升利潤，難度還是很高。通常製造業要提高獲利，會考慮調漲售價；但現行售價已相當高貴的蘋果產品，無法說漲就漲。在這樣的條件下，該怎麼做才能增加公司獲利呢？

答案就在蘋果的年報裡。

蘋果在 2020 會計年度（截至 9 月底為止）認列了約 2,745 億美元的營收，[1] 其中一半以上都是 iPhone（1,378 億美元）的貢獻，它是對營收挹注最多的功臣。營收貢獻次高的項目竟然不是物品，而是服務。

這數字包括 iTunes 和 App Store 的應用程式營收，加上 iCloud 和 Apple Music 等訂閱服務的收入。這筆收入在蘋果的營收占比年年成長，如今已超越了 Mac 的銷售數字（286 億美元），為蘋果賺進了 538 億美元，比 Mac 加 iPad 的營收貢獻還多（圖表 2-2）。

讀到這裡，各位或許會覺得「服務」只為蘋果增加了一些營收。那麼，它在獲利方面的表現又是如何呢？這裡我們就以 2020 年的財報為主軸，仔細看看蘋果公司的損益表內容（圖表 2-3）。從損益表當中，可得知蘋果在產品和服務上分別投入了多少成本，就能看出它們對利潤貢獻的程度多寡。

在 2020 年的財報當中，產品的營收（銷貨收入）總額為 2,207 億美

1　本章後續提及的營收金額，原則上都用「億美元」以下四捨五入的形式表示，並省略「約」字。

圖表 2-2　蘋果公司銷售占比

（單位：百萬美元）

	2018 會計年度	2019 會計年度	2020 會計年度
營收（銷貨收入）			
iPhone	164,888	142,381	137,781
Mac	25,198	25,740	28,622
iPad	18,380	21,280	23,724
穿戴式裝置、家用裝置與配件	17,381	24,482	30,620
服務	39,748	46,291	53,768
銷貨收入合計	265,595	260,174	274,515

資料來源：作者根據 Apple Form 10-k annual report（2020）編製。
譯註：此處的會計年度算法為從去年的 10 月到今年的 9 月。

圖表 2-3　蘋果公司損益表

（單位：百萬美元）

	2018 會計年度	2019 會計年度	2020 會計年度
營收（銷貨收入）			
產品	225,847	213,883	220,747
服務	39,748	46,291	53,768
銷貨收入合計	265,595	260,174	274,515
營業成本			
產品	148,164	144,996	151,286
服務	15,592	16,786	18,273
營業成本合計	163,756	161,782	169,559
營業毛利	101,839	98,392	104,956
營業費用			
研究發展費	14,236	16,217	18,752
銷售及管理費	16,705	18,245	19,916
營業費用合計	30,941	34,462	38,668
營業利益	70,898	63,930	66,288

資料來源：作者根據 Apple Form 10-k annual report（2020）編製。
譯註：此處的會計年度算法為從去年的 10 月到今年的 9 月。

元，營業成本則支出了 1,513 億美元，而營業毛利（毛利）則為 694 億美元，毛利率為 31.5％。儘管蘋果為了讓顧客願意購買高價的裝置，已竭力提升顧客的願付價格，但營業成本還是偏高，以至於毛利表現平平。

而「服務」的營收（銷貨收入）總額則為 538 億美元，營業成本 183 億美元，毛利率高達 66.0％。況且這些服務只在線上銷售，和有實體的產品相比，幾乎不需要支出任何營業費用。於是在服務獲利報喜的加持下，蘋果產品與服務加總後的整體毛利率，上升到了 38.2％，這也就是採取「以服務賺得的利潤，推升公司整體獲利」的價值獲取機制。而這樣的結果也使得蘋果公司在扣除各項費用後的營業利益率，達到 24.2％的水準。

如此一來蘋果在產品銷售與服務提供的分進合擊下，成功推升了公司的獲利。

很多時候，蘋果都被當成「價值創造創新」的成功案例來介紹，但光看銷售產品賺得的利潤，應該會讓人感到有些憂心。iPhone 的營收規模可觀，以至於蘋果公司在經營上看似無憂無慮，但蘋果內部應該感受到了瓶頸，覺得就算繼續生產這些產品，價值創造恐怕遲早會走到盡頭，就連價值獲取也無法再有突破。

這些擔憂推了蘋果一把，促使他們擴大服務規模，利用服務和包括 iPhone 在內的產品，打造出一套互補的價值獲取機制，推動了事業改革。

蘋果想到的獲利手法，是一般從事產品研發、銷售的企業以往鮮少著墨的路線，而且蘋果還是從很早期就開始推動這項獲利創新。

這一套獲利手法，就是蘋果在 2003 年啟用的 iTunes。這項服務透過網路銷售歌曲，以每首歌曲為單位向使用者收費。當年為配合可攜

式音樂播放裝置「iPod」（第一代）所推出的 iTunes，運用了當時同業都還沒有想到的方法，巧妙結合了產品與服務，為推升本業獲利奠定了基礎。

說穿了，其實 iTunes 這個創意，並非由蘋果原創。當時有個名為 Napster 的個人音樂共享服務，提供了使用者透過網路下載歌曲的管道，完全罔顧歌曲著作權，因而引發爭議。後來蘋果就以合法的形式，將 Napster 這套構想轉為價值創造，進而從中實現了價值獲取。當年，iTunes 本身就是藉由既有價值創造，成功推動獲利創新的事業。

時至今日，蘋果的價值獲取仍不斷進化。音樂方面從 iTunes 開始發展，到了 2015 年 Apple Music 上線，啟動定額訂閱制的服務。蘋果不僅提供音樂服務，還逐步將版圖擴大到電影、遊戲、網路儲存空間等。2020 年 10 月，蘋果整合了這些服務，推出了功能更強大的定額訂閱服務 Apple One。

把這些服務加入營業項目之後，蘋果打造出與其他製造業大相逕庭的價值獲取機制。產品的銷路好壞不易預測；但訂閱服務的營收，就很容易預估了。

從 2018 年起的三年來，可看出蘋果公司以「可持續收費」為前提，把發展的重點方向，放在更進一步的擴充服務上。服務在整體營收當中的占比從 15.0%（2018 年）、17.8%（2019 年）到 19.6%（2020 年），年年攀升。

製造業其實不見得只能拘泥在產品銷售所帶來的價值獲取上。看了蘋果公司的獲利創新就知道，想持續創造利潤，不僅要在價值創造不斷進化，還要具備敢於讓價值獲取靈活進化的堅強韌性。

◆亞馬遜：在本業上澈底為顧客奉獻，再從衍生事業獲取價值

近二十年來，亞馬遜大大地改變了你我的購物體驗。凡是亞馬遜成長、跨足的業界或市場，就會影響到許多企業，也就是掀起所謂的「亞馬遜效應」（Amazon effect），撼動了整個零售業。亞馬遜設計的使用者介面，吸收了消費者在實體通路購物時的所有優點，吸引許多消費者開始願意接受網路購物。

此後，除了中國的阿里巴巴之外，市場上就沒再出現其他可與亞馬遜匹敵的電商服務平台了。即使是日本的樂天，也只能奮力擴大日本國內市場，在服務內容和交易規模上，看起來都遠不如亞馬遜。

亞馬遜以能照顧每位顧客的「一對一行銷」（one to one marketing）為主軸，透過公開使用者對商品的評價、即時配送、「什麼都能賣」的齊全品項、方便的退貨，以及網路星期一（Cyber Monday）等特價促銷等手法，接連導入「讓顧客買了還想再買」的各項機制。他們透過這些價值創造，推升了顧客的願付價格，同時還抑制了價格，成功將顧客價值放大到了極限。

想必很多人會認為：像亞馬遜這種規模的大型電商通路，獲利水準已達理想狀態；如果它只在電商通路打天下，那麼至少應該已將售價定在有獲利的水準上，或者成本管控體制已相當完善。

然而，如果只看電商通路的績效，亞馬遜的獲利其實根本不夠。至於這些利潤的缺口，亞馬遜則是以其他形式來賺取——而這正是亞馬遜的獲利創新。

從亞馬遜公開在財報裡的一份部門別財務資訊當中，我們就可以檢視它的獲利狀況。首先，讓我們一起來看看亞馬遜的營收來源（圖表

（單位：百萬美元）

	2018 會計年度	2019 會計年度	2020 會計年度
營收（銷貨收入）			
電商通路	122,987	141,247	197,346
實體商店	17,224	17,192	16,227
第三方賣家	42,745	53,762	80,461
各項服務收費	14,168	19,210	25,207
AWS	25,655	35,026	45,370
其他	10,108	14,085	21,453
合併營收	232,887	280,522	386,064

資料來源：作者根據 Apple Form 10-k annual report（2020）編製。

譯註：此處的會計年度算法為當年的 1 月到 12 月。

2-4）。

在 2020 年 12 月期的財報當中，亞馬遜整體的營收（銷貨收入）認列了 3,861 億美元。在以消費者為對象的服務方面，除了電商網站（1,973 億美元）之外，我馬上想到了幾個特別值得關注的項目：全食超市及亞馬遜書店（Amazon Books）等實體通路的營收（162 億美元），將亞馬遜電商市集（Amazon marketplace）提供給第三方賣家使用的賣場租金（805 億美元），還有包括 Amazon Prime 付費會員在內的各種會員服務收費（252 億美元）。

亞馬遜的營收來源是仰賴電商和實體通路，還有其他周邊服務所建立起來的，很多人應該都能想像這件事。然而，除了這些之外，亞馬遜其實還有另一個很龐大的營收來源。

那就是亞馬遜在 B2B 領域發展的伺服器租賃事業「亞馬遜雲端運算服務」。AWS 為亞馬遜創造了 454 億美元的營收。和亞馬遜的電商

事業相比，AWS 的營收只有它的 23.0％，但對亞馬遜而言，AWS 堪稱是一項獲利創新。

為了進一步確認亞馬遜價值獲取的內涵，就讓我們來看看它的部門別財務資訊（圖表 2-5）。

亞馬遜在 2020 年度創造了 229 億美元的營業利益，占總營收的5.9％；再看到近期的數字，就會發現同樣是在 5％前後推移。不論是就營業利益額或營業利益率來看，亞馬遜在零售流通業算是繳出了相當不錯的成績。然而，它的價值獲取卻和一般的零售流通業截然不同。

首先，讓我們來看看亞馬遜在營收方面的主力——以消費者為對象的商品銷售事業在 2020 年度的績效表現。北美地區的營收規模達 2,363億美元，營業利益 87 億美元，也就是說營業利益率僅 3.7％；在北美以外地區則有 1,044 億美元的營收，營業利益約 7 億美元，營業利益率更是僅有 0.7％左右。可見在商品銷售事業方面，亞馬遜幾乎已是無利可圖的狀態。

2020 年度，新冠病毒的疫情帶動了線上購物的短線需求，使得亞馬遜的營業利益突飛猛進。但在疫情爆發前，也就是沒有特殊因素影響下的 2018、2019 年度，北美以外地區的營業利益已呈現虧損，可說是在創造顧客價值的同時，也做好了賠錢的心理準備。既然連亞馬遜都在做註定賠錢的生意，其他同業當然不可能獲利豐厚、高枕無憂。

開設實體通路的百貨商場業態，以及銷售日用品、書籍的零售流通業，其實已很難只靠「銷售商品賺取利潤」的手法，來讓價值獲取成立。事到如今，他們根本無法與挾「註定賠錢的價值創造」攻勢，與洶洶而來的「亞馬遜效應」抗衡。這才是亞馬遜真正可怕的地方。

亞馬遜當然不是放任虧損一再擴大。他們另有 AWS 的 B2B 事業，是能創造利潤的金雞母。如前所述，AWS 事業的年營收僅 454 億美元

圖表 2-5　亞馬遜部門別財務資訊

（單位：百萬美元）

	2018 會計年度	2019 會計年度	2020 會計年度
北美			
銷貨收入	141,366	170,773	236,282
營業費用	134,099	163,740	227,631
營業利益	7,267	7,033	8,651
北美以外			
銷貨收入	65,866	74,723	104,412
營業費用	68,008	76,416	103,695
營業利益	-2,124	-1,693	717
AWS			
銷貨收入	25,655	35,026	45,370
營業費用	18,359	25,825	31,839
營業利益	7,296	9,201	13,531
合併			
銷貨收入	232,887	280,522	386,064
營業費用	220,466	265,981	363,165
營業利益	12,421	14,541	22,899
業外損益	-1,160	-565	1,279
營利事業所得稅等	-1,197	-2,374	-2,863
採權益法認列之投資損益	9	-14	16
本期淨利	10,073	11,588	21,331

資料來源：作者根據 Apple Form 10-k annual report（2020）編製。
譯註：此處的會計年度算法為當年的 1 月到 12 月。

（2020 年），規模遠不及北美和其他各地 B2C 事業為公司賺進的 3,407
億美元。單就營收來看，AWS 僅占亞馬遜整體營收的 11.8％左右，看
起來一點也不誘人。

　　然而，如果把焦點放在利潤上，那麼我們對 AWS 的印象，可就會

完全不同了。若以營業利益來比較，就會發現 B2C 事業在美國國內外賺進了 94 億美元（87+7）的利潤，而 AWS 則衝出了 135 億美元的成績，比 B2C 的獲利水準高了一大截。

如果少了 AWS 這個獲利來源，亞馬遜的營業利益率會相當悽慘。當然亞馬遜為了在 B2C 領域拉抬顧客的願付價格，投入了相當可觀的研究發展費，所以利潤變得非常微薄，也是在所難免。然而，要是公司沒有現金，就很難籌措到研究發展費，所以亞馬遜把 AWS 的利潤，運用在有益公司成長的投資上。而他們就是因為在本業的電商平台之外，又有其他的獲利來源，所以才能維持整個企業的運作。

本業做註定賠錢的生意，把價值創造發揮到極限，但一方面又扎扎實實地推動價格獲取，而且採用的方法，還是仰賴本業之外的獲利來源驅動獲利創新。亞馬遜打造了一套商業模式，當中還包括了 AWS 開創的獲利來源，那些只有一般零售流通業典型獲利來源的企業，根本不是它的對手。零售流通業如果再不推動獲利創新，找出銷售商品以外的獲利來源，與本業分進合擊，會看不到未來。

◆特斯拉：從競爭者身上賺取收入，讓自家生產得以成立

特斯拉的獲利創新也很獨特。

他們先是設定了明確的目標客群，再供應最能讓這群顧客感受到價值的電動車，進行價值創造。2012 年以後推出的高級四門轎車 Model S，以及高級休旅車款 Model X，都以獨家自動駕駛技術和加速性能為武器，和市場上多如過江之鯽的高級車款做出了區隔。而這樣的價值

（單位：百萬美元）

	2018 會計年度	2019 會計年度	2020 會計年度
營收（銷貨收入）			
汽車銷售	17,632	19,952	26,184
汽車租賃收入	883	869	1,052
汽車相關收入小計	18,515	20,821	27,236
發電系統與充電器	1,555	1,531	1,994
服務與其他	1,391	2,226	2,306
營收合計	21,461	24,578	31,536
營業成本			
汽車銷售	13,686	15,939	19,696
汽車租賃	488	459	563
汽車相關成本小計	14,174	16,398	20,259
發電系統與充電器	1,365	1,341	1,976
服務與其他	1,880	2,770	2,671
營業成本合計	17,419	20,509	24,906
營業毛利	4,042	4,069	6,630
營業費用			
研究發展費	1,460	1,343	1,491
銷售及管理費	2,835	2,646	3,145
結構改革費與其他	135	149	
營業費用合計	4,430	4,138	4,636
營業利益	-388	-69	1,994
利息支出	663	685	748
利息收入	24	44	30
其他損益	22	45	-122
稅前本期淨利	-1,005	-665	1,154
營利事業所得稅	58	110	292
本期淨利	-1,063	-775	862

資料來源：作者根據 Tesla Form 10-k annual report（2020）編製。
譯註：此處的會計年度算法為當年的 1 月到 12 月。

創造，將顧客的願付價格推升到了極致。

　　特斯拉用銷售 Model S 和 Model X 賺得的利潤，研發出了 Model 3，並自 2017 年正式開賣。Model 3 上市之初，特斯拉宣布售價不到 5 萬美元，旋即在全美熱賣。特斯拉為了正式進軍大眾化價格區間的國民車款，把車銷售到全世界，將 Model 3 的部分生產據點遷往了中國。他們建立了可為全球各國供貨的體制，同時還大幅撙節了成本，於是又再把售價壓得更低。

　　作為一家新興汽車製造商，特斯拉價值創造的故事，看來實在是光鮮耀眼。然而，就常理來說，特斯拉的財務狀況，應該不至於穩健到可以持續推動價值創造才對。特斯拉的價值獲取之所以能成立，仰賴的其實並不只是車輛銷售，而是靠特斯拉獨特的價值獲取手法，才得以實現。

　　只要仔細看過特斯拉的損益表和部門別財務資訊，就能明白箇中巧妙。

　　首先讓我們來看看特斯拉的損益表（圖表 2-6）。光看表中的這段期間，也可看出特斯拉其實一直都在虧損。

　　即使到了 2018 年，平價的 Model 3 已正式在全球流通之際，營業利益都仍有 3.9 億美元的虧損；緊接著到 2019 年，營業利益還是虧損了 0.7 億美元；直到 2020 年，才總算有 20 億美元的營業利益進帳，並在稅後淨利繳出了 8.6 億美元的成績單，首次看到年度獲利轉虧為盈。然而，單就「生產車輛來銷售」的價值創造而言，仍是嚴重虧損。

　　其實特斯拉為了填補這些虧損，早已學會了一套價值獲取的方法，那就是銷售溫室氣體排放權。各位只要檢視圖表 2-7，就能清楚看出此點。

　　生產燃油車會破壞自然環境，因此企業生產受到一定程度的限

（單位：百萬美元）

	2018 會計年度	2019 會計年度	2020 會計年度
營收（銷貨收入）			
不附保證買回之汽車銷售	15,810	19,212	24,053
保證買回之汽車銷售	1,403	146	551
汽車碳權配額	419	594	1,580
能源製造與充電電池銷售	1,056	1,000	1,477
服務與其他	1,391	2,226	2,306
銷貨收入與服務收入合計	20,079	23,178	29,967
汽車租賃	883	869	1,052
能源製造與充電電池租賃	499	531	517
營收合計	21,461	24,578	31,536

資料來源：作者根據 Tesla Form 10-k annual report（2020）編製。
譯註：此處的會計年度算法為當年的 1 月到 12 月。

制。當生產、銷售量超過限額時，就會被課徵高額罰款。而特斯拉自創業以來，銷售的都是 100%的電動車，沒有任何車輛產品受到碳排限制規範，因此每生產一輛車，就能多一份碳排限制的額度。於是，特斯拉便將這些額度賣給其他同業，創造利潤。圖表 2-7 的部門別財務資訊當中，有一項「汽車碳權配額」，指的就是這件事。

　　把排放權賣給同業——特斯拉就是靠這個同業想都想不到的點子，發展出了一套獲利創新。

　　檢視圖表 2-6，就會發現特斯拉 2018 年的全年最終損益為 -10.6 億美元，2019 年則是 -7.8 億美元，到了 2020 年才有 8.6 億美元。再搭配圖表 2-7 的部門別財務資訊來看，就會明顯看出排放權帶來的虧損填補效果。特斯拉在 2018 年銷售排放權（汽車碳權配額）的收入是 4.2 億美元，2019 年則有 5.9 億美元，到了 2020 年更來到 15.8 億美元。

要是沒了這些排放權收入，特斯拉的獲利會是什麼情況呢？2018年的最終損益會是 -14.8 億美元，2019 年則是 -13.7 億美元，就連原本轉虧為盈的 2020 年，都會出現 7.2 億美元的虧損。

特斯拉運用獨特的價值獲取機制，讓自家「汽車製造」的價值創造得以成立。此時，運用溫室氣體排放權交易所打造的價值獲取手法，不僅成功讓特斯拉的財務損失控制在最低限度，還讓特斯拉這家汽車製造商得以立足，更對特斯拉的獲利貢獻良多。

不過，一家汽車業的新兵，要建立起和其他汽車製造商同樣完善的生產體制，還要兼顧產品品質與企業獲利，想必需要花不少時間。可見要進軍汽車製造業，的確很不簡單。

許多汽車製造業者也開始自行研發不會排放二氧化碳的碳中和（Carbon Neutral）電動車或氫燃料電池車。如此一來，這些車輛就能與自家車廠燃油車的碳排額度相抵。況且將來會逐步淘汰燃油車，原本生產燃油車所需的排放權，應該會急速貶值。

特斯拉很明白未來的趨勢，所以很早就開始致力發展「汽車製造」的價值創造模式，希望能依此確立一套可獲取價值的機制。如今，特斯拉已逐漸脫胎換骨，朝「即使沒有排放權，也能透過汽車製造所帶來的價值創造，賺取利潤」的體質邁進（圖表 2-8）。

目前特斯拉還在醞釀新的獲利創新計畫。2020 年之後上市的特斯拉車款，都配備了一套能提高車輛性能的人工智慧，名叫「全自動輔助駕駛」（Full Self-Driving，FSD），可透過軟體來升級駕駛性能。

特斯拉以往的車種都持續軟體升級，但配備 FSD 的車款，自動駕駛技術更精準，還可針對行人辨識、號誌讀取等項目，進行更細膩地升級。此舉也暗示原本特斯拉曾以賣斷方式銷售的自動輔助駕駛系統，有機會改以訂閱模式推出，持續升級更新。

圖表 2-8　不再仰賴溫室氣體排放權所帶來的價值獲取

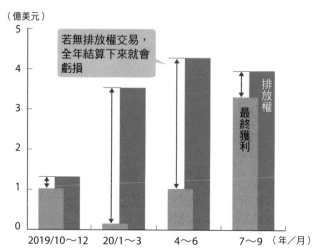

（億美元）

若無排放權交易，全年結算下來就會虧損

排放權

最終獲利

5

4

3

2

1

0

2019/10～12　　20/1～3　　4～6　　7～9　（年／月）

資料來源：作者根據《日本經濟新聞》2020 年 10 月 22 日早報內容所編製。

　　2020 年 5 月，市場上傳出這個消息之後，特斯拉的企業價值，隨即超越了原本稱霸全球的豐田。這是因為特斯拉不只有汽車帶來的價值創造，運用軟體開創新獲利來源的想法，似乎也可能成真，而市場投資人評估特斯拉的獲利還會再衝高。

　　製造業最理想的狀態，就是能透過銷售產品賺取利潤。然而，企業要能預期達到這種程度需要相當高度的專業知識和技術，也必須投入時間和資金，懂得先以其他方法獲取價值，並持續發展價值創造，才能避免破產。特斯拉的獲利創新，完整實現了上述劇本，只能說真的很了不起。

◆好市多：用會員年費創造利潤

　　好市多是一家以開設大型倉儲式門市聞名的銷售企業。它的英文名稱當中有「批發」（wholesale）這個詞，是因為它原本打算以商務客為目標客群，做批發生意。由於好市多店內商品的售價都是批發價，所以早期以營業用途（零售業）的顧客居多。如今，一般消費者也可以直接採買零售用商品，商品售價基本上也都是批發價。這種獨特的銷售形態和「超值感」，廣受顧客支持。

　　好市多自開業至今，都會要求顧客加入會員並支付年費，才能進入門市購物，是一家會員制的銷售企業，而這也是它的一大特色。根據 2020 年 8 月期的年報統計，好市多的會員人數已突破一億大關。這一套以會員收費機制，挹注銷售利潤的價值獲取，就是好市多的獲利創新之道。

　　就付費會員的分布狀況來看，約莫是以法人占兩成，個人占八成的比例推移（圖表 2-9）。

　　好市多的迷人之處，就在於它銷售的，是有「好市多規格」之稱

圖表 2-9　**好市多的會員人數**

（單位：千人）

	2018 會計年度	2019 會計年度	2020 會計年度
個人會員（付費）	40,700	42,900	46,800
法人會員（付費）	10,900	11,000	11,300
付費會員數小計	51,600	53,900	58,100
家庭卡（免費）	42,700	44,600	47,400
持卡人總計	94,300	98,500	105,500

資料來源：作者根據 Costco Wholesale Form 10-k annual report（2020）編製。
譯註：此處的會計年度算法為前一年的 7 月到當年的 8 月。

的大分量商品，比一般規格的分量更多，但價格卻是無與倫比的實惠，而且還在寬敞的倉儲型門市裡銷售。這種獨特的顧客體驗，讓顧客既驚訝又著迷，進而催生出許多回頭客。這種低價銷售型的價值創造，究竟是怎麼辦到的呢？

我想請各位留意的是好市多的毛利率。一般在「採購商品轉賣，從中賺取利潤」的流通業，毛利抓在四成左右是業界常識。毛利是用來支應固定開銷的資金，包括給員工的勞動分配，以及應付的土地租金等。因此，一旦毛利太過微薄，經營狀況立刻就會陷入動盪。

從圖表 2-10 的損益表當中，我們可明顯看出：好市多價值獲取的高明之處，在於它跳脫了其他流通業者慣用的一套價值創造方程式，也就是靠著衝高銷售量來大幅壓低成本，擠出利潤的做法。

若以 2020 年 8 月結帳的 2020 會計年度數據計算，則可算出好市多在銷售方面的毛利是 183 億美元（1,632–1,449 億美元），而銷貨收入是 1,632 億美元，所以毛利率是 11.2%。再計算其他年度，就會發現好市多因銷售商品所賺得的毛利，差不多都只有一成左右。

好市多自創立以來，就一直延續這樣的趨勢。儘管好市多以便宜的價格讓顧客滿意，卻也和其他流通業者一樣，擔負成本壓力。若以銷售所得的毛利，減去營業相關的固定開銷 163 億美元，就可算出好市多原本的營業利益應該只有 19 億美元，營業利益率僅 1.2%。雖然在商品銷售上幾無獲利可言，但這其實是好市多刻意打造的價值獲取機制。

事實上，好市多早已打定主意，決定「銷售商品不求獲利」。

那麼，好市多究竟要如何爭取獲利呢？答案就是「會員年費」。

好市多除了銷售商品之外，還有「會員年費」的價值獲取機制。要在好市多享受購物樂趣，就必須成為好市多的會員。因此，顧客第

（單位：百萬美元）

	2018 會計年度	2019 會計年度	2020 會計年度
營收			
銷貨收入	138,434	149,351	163,220
年費	3,142	3,352	3,541
營收合計	141,576	152,703	166,761
營業費用			
商品成本	123,152	132,886	144,939
銷售及管理費	13,876	14,994	16,332
開辦費	68	86	55
營業利益	4,480	4,734	5,435
其他收益（費用）			
利息支出	159	150	160
利息收入	121	178	92
稅前本期淨利	4,442	4,765	5,367
營利事業所得稅	1,263	1,061	1,308
本期綜合淨利 （含歸屬非控制權益之淨利）	3,179	3,704	4,059
本期淨利歸屬於非控制權益	45	45	57
本期淨利	3,134	3,659	4,002

資料來源：作者根據 Costco Wholesale Form 10-k annual report（2020）編製。
譯註：此處的會計年度算法，為前一年的 7 月到當年的 8 月。

一次造訪好市多時，就要先付年費。在美國，這筆費用從最低 60 美元，到最高 120 美元不等，折扣率會依會員等級不同而有所差異。而在日本，2021 年的個人會員年費則分為兩種，分別是 4,400 日圓和9,000 日圓。

　　由於好市多收取的是年費，所以新顧客一上門，就會先被收取未來一年的費用。也因為這筆年費是「預付」，所以對好市多而言，等於

是還沒讓顧客消費，年費就已先入袋，不需額外付出任何成本，100％都是利潤。有了這些現金在手，即使商品銷售的利潤再怎麼微薄，好市多都能用顧客給的錢從容經營、追求成長，如此一來既不必向投資人募資，也不必向銀行貸款。就是「會員年費」這項利潤，讓好市多得以實現獨樹一格的價值創造。

若再更進一步分析，就會發現每年的會費收入，大概都相當於總營收的 2％，而且它的金額，幾乎都與好市多的稅後淨利相同。例如2018 年的年費收入是 31 億美元，稅後淨利則是 31 億美元；2019 年的年費收入有 34 億美元，稅後淨利則有 37 億美元；而 2020 年的年費收入是 35 億美元，稅後淨利 40 億美元。兩個數字每年都非常相近。換言之，年費幾乎每年都成了好市多結餘的利潤。

好市多的商品售價、規格和供應方式等價值創造，往往比較容易成為大眾關注的焦點。但能創造出這些價值，都是因為他們有一套獨特的價值獲取機制，也就是以年費收入來確保獲利的緣故。這樣的獲利創新，讓好市多的價值獲取和同業做出了區隔，也為流通業界投下了一顆震撼彈。

◆ 網飛：用訂閱制創造利潤

網飛將訂閱制帶進了過去以租借為主流的 DVD 出租業界，成功掀起了一場獲利創新。市場上甚至還流傳著一個很有名的小故事，說當年就是因為網飛執行長里德‧海斯汀（Reed Hastings）在連鎖錄影帶及DVD 出租店——百視達（Blockbuster）租電影《阿波羅 13 號》（Apollo 13）

忘了還，被收了鉅額的逾期費用，才促成了網飛的誕生。[2]

　　姑且不論這個故事是真是假，它的確和網飛所推動的價值獲取變革有關。

　　早期DVD出租業界的做法，是從單片租金和高額的逾期費當中賺取利潤。而網飛顛覆了這個傳統，改向顧客持續收取定額費用。此舉也讓網飛大大翻轉了自家企業的價值創造形態。

　　其實網飛成立於1997年，最早是在網路發展「郵寄出租DVD」事業，在當時算是劃時代的創舉。因為那時業界一般的做法，是像百視達那樣，以計時出租單片錄影帶或DVD的方式來賺取利潤。而網飛則是祭出了「只要在事先訂定的數量範圍內，想租還幾部片都可以」的定額訂閱制，來與主流抗衡。

　　想多看幾部DVD的人，可以頻繁地租還不同電影作品；想慢慢欣賞的人，可以把一部電影的DVD多放在家裡幾天。顧客只要按時繳納定額費用，就不會再衍生任何逾期罰款。

　　這個價值獲取贏得了許多顧客的認同，定額訂閱的郵寄式租片服務一時蔚為流行。後來由於網際網路的寬頻化發展，線上串流影音取代了原本的DVD郵寄，成為新主流，而這正是現今網飛的原型。

　　每個月只要付大約10美元，相當於在電影院看一部電影的價錢，就可以不限時、不限量，隨心所欲地看片。除了知名的電影作品之外，還有網飛的原創電影和電視劇等，應有盡有。而且是這些只能在網飛才看得到的原創作品，都是非常優質的好戲，許多觀眾為之著迷。

　　從數字的角度來解讀網飛這一套價格獲取方式，能得到以下這些

2　後來傳出這故事疑似是網飛所虛構，而引發了爭議。詳情請參閱 Keating（2013）。

圖表 2-11　網飛的成長

（單位：百萬美元）

	2016 會計年度	2017 會計年度	2018 會計年度	2019 會計年度	2020 會計年度
營業收入	8,831	11,693	15,794	20,156	24,996
營業利益	380	839	1,605	2,604	4,585
營業利益率	4%	7%	10%	13%	18%
本期淨利	187	559	1,211	1,887	2,761

資料來源：作者根據 Netflix Form 10-k annual report（2020）編製。
譯註：此處的會計年度算法，為當年的 1 月到 12 月。

分析。請各位一併參考（圖表 2-11）。

　　網飛 2020 年 12 月期（2020 年 1 月到 2020 年 12 月）的營收為 250 億美元，營業利益則認列了 46 億美元；當年網飛正式開始進軍國際市場之初，也就是 2016 年 12 月期的營收才 88 億美元，營業利益 3.8 億美元。兩相比較之下，可看出網飛在短短四年內，就展現了驚人的成長。

　　在價值獲取上，最值得關注的，還是網飛的營業利益率。2016 年度時，它的營業利益率還僅有 4％的水準；到了 2020 年度時，竟已飆升到 18％。這恐怕不是一句「透過撙節成本推動經營合理化」就能解釋的。其實網飛在拓展會員人數上大有斬獲，同時還大膽調漲月費。換句話說，他們就是靠著定額訂閱推升營業額，而且營業利益的成長幅度，還比營收更亮眼。

　　2020 年，全球籠罩在疫情下，網飛的訂閱人數，比前一年度成長了 3,657 萬人，站上了 2 億大關（圖表 2-12）。這些訂閱戶所繳的月費，正是支持網飛創造價值的資本。

　　「維持訂閱人數」堪稱是訂閱制服務的生命線。如今，在網飛問世之後才推出的各大影音平台服務，都採取了訂閱制收費，提供的影片也都大同小異。光看這一點，你會覺得網飛和其他平台沒有太大差

（單位：千人）

	2016 會計年度	2017 會計年度	2018 會計年度	2019 會計年度	2020 會計年度
付費會員	89,090	110,644	139,259	167,090	203,663
付費會員數淨成長	18,251	21,554	28,615	27,831	36,573

資料來源：作者根據 Netflix Form 10-k annual report（2020）編製。
譯註：此處的會計年度算法，為當年的 1 月到 12 月。

異。但若僅止於強調訂閱制的方便性，這恐怕只會演變成流血價格戰。

不過，網飛和其他平台不同，它最大的特色是為吸引訂閱戶，而推出原創作品。他們對原創作品的投資毫不手軟，還運用大數據分析使用者喜好，向顧客提案許多優質的影視內容，令人目不暇給，打造讓顧客忍不住繼續續訂的高水準服務。

影音平台原本應該只是影像的流通業，但網飛還跨足影像製作，選擇了一條堪稱「內容業界的製造零售商」（Speciality Retailer of Private Label Apparel，SPA）[3] 的價值創造路線。此舉成功提升了顧客的願付價格，讓網飛即使再三調漲，訂閱人數依舊是有增無減。

這場透過獲利創新推動的價值獲取改革，讓網飛的價值創造也隨之大幅轉變。它已超越眾多製作內容的公司，而成為製作作品、並送到市場上流通的主流片商，如今更變成是足以威脅電影產業的佼佼者。網飛的競爭對手，已不是影音平台服務，而是好萊塢的主流片商。

派拉蒙影片（Paramount Pictures）、環球影業（Universal）和華納兄弟

3　編按：此詞彙最早由美國大型成衣零售商 GAP 董事長唐納德·費雪（Donald Fisher）描繪自家事業特色時所使用。後來，也運用在其他業界，意指零售業者從原料採購、商品策畫、生產、流通、行銷到銷售等都一手包辦。

（Warner Bros.）等主流片商的價值獲取，是向投資人籌措許多資金，再投入鉅額費用製作、拍片，再回收投資、賺取利潤。但這當中有三大問題待解。

第一個問題是無法如願籌到資金，導致拍片計畫觸礁。有時片商可能會因為碰上金融危機等因素，而導致資金籌措狀況不如預期。

第二是片商因為顧慮出資人或贊助者影響作品品質的問題。有時出資者會對作品下指導棋，導致作品風格受到扭曲，甚至還與製作團隊發生摩擦。

第三個則是作品不賣座，投資就無法回本的問題。電影變數很多，即使製作完成，還是要等實際上映之後，才知道票房賣不賣座。一旦投資無法回本，就會妨礙下一部片的資金籌措，以至於片商很難再製作新的大型作品。

面對這些難題，網飛選擇的價值獲取，是向使用者收取定額月費，用這筆錢製作影劇作品，以吸引更多觀眾訂閱。製作影劇作品所需的資金，可透過月費的形式從目前的訂閱戶身上籌措，缺口部分再借貸即可。[4] 也因此，網飛基本上都能製作出符合觀眾喜好的作品。

把從訂閱戶身上取得的大數據，運用在作品的製作上，能提高訂閱戶滿意的機率，並製造話題，吸引更多新的訂閱戶加入。這樣的正向循環，等於是把票房充滿變數的電影，變成對準「保證大賣」的基準線來製作，進而回本、獲利的產品。

實際上，網飛因為接連催生出了許多優質作品，在以往都由好萊塢主流片商獨占的奧斯卡金像獎當中，已創下多次入圍紀錄，甚至還

4　Mullins（2014）將這樣的做法稱為「客戶資助成長法」（Customer-Funded Growth）。

曾獲獎。這都是因為網飛「向訂閱戶收取月費」的價值獲取，消除了製作資金面的擔憂，製作團隊也更能從容地拍片。這些因素促成了優質作品的誕生。

1997 年在 DVD 出租業界掀起的一場獲利創新，如今撼動了龐大的電影產業。價值獲取對價值創造帶來極大的影響，而獲利創新有時會在業界顛覆常識，引進全新的價值觀。

▶ 03.
獲利創新的成果

前面我們看了五家推動獲利創新的企業。

這五家企業都是因為在價值獲取上有很突出的表現，才創造了高額的利潤。可見能成功發動創新，並且讓世人為之驚嘆的企業，都不是只仰賴在本業上的價值獲取，而創造出那麼龐大的利潤。

蘋果不只靠產品賺錢，還有「服務」這項利潤豐厚的財源；亞馬遜不只發展電商事業，還有 AWS 當搖錢樹；特斯拉不只賣電動車，還賣排放權貼補獲利；好市多不只銷售店內商品，還有顧客繳交的年費當金雞母。這些額外的價值獲取，都支持著本業的發展。當聽到有人說「這個業界賺不了錢」時，希望各位更要懂得在本業之外，思考還有沒有其他價值獲取的方法。[5]

這五家企業的價值獲取機制，如今已廣為人知。但這五家企業都

5　網飛靠「收取月費」這一套價值獲取，成功從 DVD 出租事業脫胎換骨，投入了原創作品的製作。

在早期階段就看到商機，並與價值創造巧妙結合，讓這些價值獲取機制在定型、扎根，塑造成企業獨家的商業模式。

當我們對前述這些價值獲取的內容進行事業評價時，可以看出什麼端倪呢？我把結論整理為圖表 2-13。在此，我們就來檢視這些企業在 2020 會計年度的財務數據。

以財務界大家很熟悉的投入資本報酬率（Return on Invested Capital，ROIC）指標來看，可發現這幾家企業都能善用獲利關鍵事業的營收來源，價值獲取機制因而得以成立，他們最終也因此在報酬率上達到了一定程度的水準。

我們也來確認一下這些數字是否已經超越了期望水準。只要用各家企業的 ROIC，減去加權平均資金成本（Weighted Average Cost of Capital，WACC）[6] 之後，就可看出企業的績效表現究竟超越了期望水準多少。就這個指標來看，蘋果（22.7%）、亞馬遜（7.5%）、好市多（11.4%）和網飛（8.1%）都在多種營收來源的搭配組合之下，成功創造出了超乎期待的報酬率。

此外，特斯拉的報酬率雖然沒有超越期望水準（-1.3%），但它靠著溫室氣體排放權的銷售所得，在設備投資負擔沉重，且競爭又激烈的汽車業界，得以免於大幅低於期望報酬。

我們可以看出：一般市場認為在價值創造表現特別傑出的企業，其實在價值獲取方面，也下了很深的功夫。這個現象，在充滿封閉感的傳統製造業和銷售業界也不例外。

6　加權平均資金成本代表的是，資本市場對有期待企業的資本報酬率。這個名稱來自於它的計算方式，也就是將有息負債和自有資本的資金成本（期望報酬率），依資金結構占比分別加權平均計算後，所求得的數字。

	蘋果	亞馬遜	特斯拉	好市多	網飛
投入資本報酬率（ROIC）	29.7%	14.7%	6.7%	17.4%	14.6%
加權平均資金成本（WACC）	7%	7.25%	8%	6%	6.5%
超額報酬率	22.7%	7.5%	-1.3%	11.4%	8.1%
獲利關鍵	服務	AWS	排放權	年費	訂閱

備註：以上皆為 2020 會計年度數值。
　　　ROIC 取自各企業 from 10-k 之財務資訊，WACC 則以 finbox. com 之數值計算。

　　乍看之下，這五家企業都是「獲利方法超乎想像的特殊企業」。但把它們當作個別案例逐一分析之後，就會發現有不少值得學習的地方。而最重要的，在於要懂得聚焦關注「用什麼方法獲利」。只要遵循系統性的方法論，應該就能有效率且有效果地推動獲利創新，不必浪費大把時間去找毫無脈絡可循的營收來源。

第 3 章

拓展價值獲取的視野

- 綜觀最具代表性的價值獲取類型
- 除了銷售產品比外,還有什麼價值獲取的方法?
- 要有營收來源,價值獲取才能成立

▶ 轉往產品銷售以外的方向
▶ 三十種價值獲取機制
▶ 創造營業淨利的機制
▶ 多元的營收來源
▶ 溫室氣體排放權

所謂的獲利創新，是指在價值創造已無法帶來利潤的時代裡，不受既有常識侷限，催生出新的價值獲取機制。我們在第 2 章看過的五家企業，都是憑藉著創新的價值獲取機制，成就了飛躍性的成長。

那麼，倘若企業真的要推動獲利創新，該怎麼做才能改革目前採用的價值獲取機制呢？在本章當中，我會先將現階段已知的價值獲取，區分成三十種不同的型態，並逐一說明。

其實以往也有人提出過價值獲取機制的分類。當中歷史最悠久，也最知名的，就是亞德里安・史萊渥斯基（Adrian Slywotzky）在 1997 年提出的二十二種分類，也就是所謂的「利潤模式」（Profit Patterns）。[1]

雖然這一套分類方式聚焦在利潤創造，但當中也有涉及價值創造的概念，故可說是現今我們所謂的「商業模式」。這種分類在當時是相當劃時代的創舉，直到今天，它仍能為我們提供值得參考的切入點。不過，由於這是最早期的商業模式分類，所以當中有幾個極為相似，甚至還重複的項目。

後來，陸續有人提出其他獲利的分類方法。尤其是在經歷過網路全盛時期之後，更有人發現了新的獲利方法。2014 年，奧利佛・葛思曼（Oliver Gassmann）等人列舉了五十五種獲利模式，[2]這等於在做商業模式的「標本分類」。

時至今日，這一套經過整理的分類方法仍然非常有名，但它原本製作的目的，就是要「為商業模式分類」，所以在論述上，難免還是會

1　史萊渥斯基過去在著作中，曾把創造利潤的方法稱為「利潤模式」（Profit Patterns）、「利潤模型」（Profit Model），以及「以利潤為核心的事業設計」。後來他又改良了這一套分類，將利潤模式重新調整為二十三種。詳情請參閱亞德里安・史萊渥斯基、大衛・莫里森（1997）和史萊渥斯基（2002）的論述。
2　詳情請參閱葛思曼等（2014）的論述。

偏向「如何讓顧客滿意」、「撙節成本的方法」等價值創造的討論。換言之，儘管當中列出了創造利潤的方法，的確是運用了與願付價格或成本有關的價值創造，但不見得是一套特別只正視企業利潤的分類。

另一方面，比爾・奧萊特（Bill Aulet）也聚焦在「價值獲取」主題上，列舉出了十七種類型的獲利方法。[3] 不過，這一套分類方式，將多種獲利方法羅列並陳，讓人有些不明究理。因為，當中除了純粹為追求事業獲利所使用的價值獲取（成本加成與訂閱等）手法之外，還有本章稍後會再詳述的營收來源（廣告與交易手續費），更直接列出了抽象程度各異的具體案例（行動電話資費方案與停車計費器），令人感到不太合理。

綜上所述，我認為有必要整理出一份聚焦獲利創新，並鎖定以價值獲取為目標的分類。

因此，在本章當中，我會把價值獲取界定為「從事業活動中賺取利潤的機制」，並提出三十種價值獲取機制，當成具體的指引。其中網羅了廣為人知的各種價值獲取，方便各位隨時查找檢視，就像翻閱型錄一樣。同時我也盡可能在不缺漏、偏頗、重複的情況下，一併整理了類似的價值獲取機制，期盼能成為各位日後構思價值獲取時的參考。

3　奧萊特提出的 17 種類型如下：一次預付＋維護費、成本加成、計時收費、訂閱、授權、消耗品、銷售高價產品、廣告、轉售收集到的資料或開放存取權、交易手續費、計量制、行動電話資費方案、停車計費器、小額交易、共享、加盟、操作與維護。詳情請參閱奧萊特（2013）的論述。

價值獲取	概要	代表案例
① 產品銷售	在所有產品的成本上，外加一定程度的利潤	豐田、優衣庫
② 服務業銷售商品	服務業結合產品銷售，提高利潤	全日空
③ 產品組合	搭配不同獲利率的產品，創造事業整體的利潤	流通業、休閒產業
④ 次要產品	提高主要產品與合併銷售產品的獲利率	餐飲業
⑤ 多元利潤設定	產品內容都一樣，但會視情況調整獲利率	可口可樂
⑥ 事先附加（保險、融資）	只銷售主要產品的利潤太少，故以銷售時的附加服務填補獲利缺口	AppleCare
⑦ 事後附加（維護）	只銷售主要產品的利潤太少，故以售後服務填補獲利缺口	YANASE
⑧ 服務化（顧問化）	提供顧客運用產品時的輔助服務，藉以創造利潤	IBM
⑨ 次要目標	對主要目標客群讓利，但從其他顧客身上賺取較多利潤	兒童電影、自助百匯
⑩ 競標	由買方出價投標，以便用競標品賺取更多利潤	Google Ads
⑪ 動態定價	同一件產品的請款金額，會根據付費者的情況而變動	主題樂園
⑫ 定額訂閱制	每隔一段時間就向顧客收取定額使用費，隨時間累積利潤	索尼、賽富時
⑬ 預付訂閱制	顧客預付使用費，讓利潤先落袋為安	報紙、雜誌
⑭ 計量訂閱制	依使用量多寡收取使用費，隨時間累積利潤	迪亞哥、AWS
⑮ 回頭客	以「每位使用者都會重複購買」為前提來創造利潤	迪士尼樂園
⑯ 長尾	以豐富的產品線攬客，並透過暢銷商品爭取獲利	亞馬遜（商城事業）

▶ 01.

價值獲取出現轉變

用新的價值獲取取代現有的，這就是獲利創新的目標。

所謂的價值獲取是指企業從事業活動中獲取利潤，可分類為三十

價值獲取	概要	代表案例
⑰ 租賃	用合約綁住顧客一段時間，隨時間累積賺取利潤	歐力士
⑱ 刮鬍刀模式	壓低產品本身的獲利率，拉高附屬產品的獲利率，靠時間創造利潤	任天堂、佳能
⑲ 會員制（會費）	透過收取會費和本業利潤分進合擊，共同為企業創造利潤	好市多
⑳ 免費增值	產品本身免費，但調高附屬品的獲利率，回著時間創造利潤	DeNA、玩和線上娛樂
㉑ 副產品（by-product）	把在事業活動中衍生的副產品，供應給主要顧客以外的付費者	特斯拉、JR 東京站
㉒ 內容（IP）	將「跨平台使用內容或 IP」化為重要的獲利支柱	盧卡斯影業
㉓ 手續費事業	也向顧客以外的競爭者或供應商收取手續費，以此創造利潤	樂天、亞馬遜市場
㉔ 優先權	將「優先使用權」當成重要的獲利支撐	富士急樂園
㉕ 三方市場	「廣告主所付的廣告費」是重要的獲利支柱	瑞可利
㉖ 媒合	「串聯供應者和使用者的對價」為重要的獲利支柱	Mercari
㉗ 宣傳大使	大幅減免介紹人原本應付的費用，藉由攬客和培養顧客來創造利潤	MS Office、雀巢 BARISTA
㉘ 虛榮溢價	設定一群願為同一項產品支付較高金額的人，並從他們身上獲取利潤	美國運通百夫長卡
㉙ 加盟	以成功的事業手法，授予他人使用，將此當為重要的獲利支柱	7-Eleven
㉚ 資料存取	將自家「累積資料」的存取權，化為重要的獲利支柱	紀伊國屋書店 Publine

種模式。我將這些模式列成一張清單後，整理為圖表 3-1。多數製造業和銷售業採用的，是灰色網底標示的「① 產品銷售」。

　　然而，由圖表中可知，價值獲取至少還有二十九種類型。因此接下來，我們就要從「應該有機會轉型到產品銷售以外選項」的觀點，來看看這三十個價值獲取機制。

① 產品銷售

「產品銷售」的價值獲取，是透過銷售自家經手的產品，確實賺取一定程度的利潤。這一套做法，在製造業和銷售業都已行之有年。

因為企業是在成本上，外加一定比例的利潤後，再將商品銷售給顧客，所以只要售出，就能賺得期望利潤。反覆操作多次之後，最後企業就能達到營收和獲利目標。在商品銷售暢旺的狀態下，這個方法是打最保險的安全牌。

許多製造業的公司得以成長茁壯，都是仰賴產品銷售而來。而在日本，舉凡豐田汽車，或長期經營「優衣庫」（UNIQLO）品牌的迅銷集團（Fast Retailing），都是產品銷售上極具代表性的案例。他們建置完善的生產體系，打造出既可讓顧客滿意，又能以低成本生產的體系，並在成本上外加一定程度的利潤之後，訂定出產品售價。因此，「定價」便成了這些企業最重要的決策。

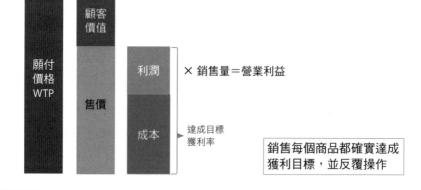

同樣以這套做法在商場上成功立足的，還有歐洲的奢侈品企業。旗下握有法拉利（Ferrari）、愛馬仕（Hermès）和路易·威登（Louis Vuitton）等品牌的路威酩軒（LVMH）集團，其實也是透過銷售商品來賺取利潤。只不過它的獲利率更高，更隨時都在營造各種巧思，以提高願付價格，讓顧客不管售價再怎麼昂貴，都甘心掏錢買單。*

然而，因為數位化開啟的破壞式創新，加上不景氣和流行病疫情等災禍影響，民眾的消費力下降，這使得這一套價值獲取機制在許多製造業已不再暢行無阻。

不過，倘若服務業懂得妥善運用「產品銷售」的概念，就有機會發展出有別於同業的價值獲取新模式，也就是我在「②」要為各位介紹的「服務業銷售商品」。

---

* 事實上，這些企業都有傲人的 ROE。法拉利 2020 年度的 ROE 是 37.2%，居全歐洲之冠；愛馬仕也創下 19.9%的紀錄，排名第十。（《日本經濟新聞》2021 年 9 月 3 日早報）。

② 服務業銷售商品

　　「服務業銷售商品」是指由觀光休閒、娛樂及金融服務等服務業者所進行的商品銷售。他們有時還會推出原創商品企畫，並實際製成產品來銷售。對製造業或銷售業者而言，銷售產品是最想當然耳的價值獲取。然而，在以往都只經手「服務」這種無形財貨的業界當中，銷售商品看起來反而是令人耳目一新的價值獲取——因為這讓服務業在以銷售「服務」來創造利潤的業界慣例之外，還能額外加上「產品」這個不同的營收來源。

　　疫情期間，全日空（ANA）展現出「想盡各種辦法創造利潤」的態度，其實就是這種價值獲取機制的典範。2020 年，全球的人流戛然而止，世界各國的民眾不僅無法出國觀光，就連國內旅遊都難以如願，航空業界更是掀起了倒閉潮。在這樣的環境下，ANA 也同樣陷入營收打不平成本，資金出現缺口的窘境。原本是公司金雞母的國際線停飛，國內線的需求也大減。「仰賴機票收入賺錢」的價值獲取機制，被逼到了絕境。

　　當時航空業已呈現獲利無望的狀態，但 ANA 卻開始摸索除了機票之外，還有什麼其他可以創造營收的方法。ANA 早就明白，光靠這段時間的機票收入，根本不可能賺到足夠的利潤。於是他們選擇把營收來源轉移到「銷售商品」上。

　　ANA 把機上餐點拿到線上購物網站銷售，主打「在家享用的機上餐點」；還把原本只在貴賓休息室供應的咖哩，在國際線商務艙的葡萄酒等，也都拿出來販賣。就連機上服務用的杯、盤等餐具器皿，以及機上銷售免稅品用的推車，都以逾 10 萬日圓的售價上線銷售。他們靈活運用了原本應該要在新機隊上服勤的備品，沒讓這些全新用品堆在倉庫裡蒙塵。

　　而在 ANA 推出的這些品項當中，最厲害的就是一套名為「ANA 典藏

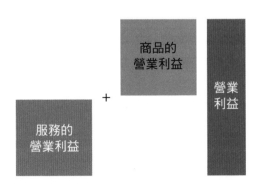

服務的
營業利益

+

商品的
營業利益

=

營業
利益

服務業跨足產品
銷售，鞏固獲利

商品」的系列。其中包括報廢機體的推力桿（Thrust Lever）售價 120 萬日圓，定價 75 萬日圓的操縱桿，以及定價 22 萬日圓的座艙儀表板。就連飛機座椅的樣品（實體模型），也都分別以 75 萬和 80 萬的售價供應。不知道是否因為洽詢太踴躍，後來這些商品都改以抽籤方式銷售。

這些都是 ANA 在本業的「服務」外所創造的營收來源，再將所有營收加總起來，期能為公司積攢出最終獲利的案例。ANA 這些商品銷售業務，只是為了應急。然而，也因為這場突如其來的災變，讓他們意識到了「非航空收入」的重要性。

走過疫情最嚴峻的時期，來到 2021 年，ANA 決定發展非航空領域的收入，希望五年後能翻倍成長，達到 4,000 億日圓的規模；同時也宣布要建構一套能整合旗下多種服務的超級應用程式，以打造 ANA 經濟圈。「營收來源多樣化」成了契機，引領 ANA 展開商業模式的全面改革。

③ 產品組合

「產品組合」（Product Mix）是指藉由不同獲利率的產品搭配組合，來達成整體目標獲利的價值獲取機制。它可以是相關產品的搭配，也可能是幾種服務的套裝組合，所以也有人稱它為「服務組合」。

包括超市在內的零售流通業，在產品組合的運用上都很高明。在超市，顧客會因為相中傳單上的特價商品而上門，例如「一盒雞蛋 100 日圓」的特賣，就是很經典的案例，但迄今仍相當有效。

來買便宜雞蛋的顧客，當然不會只買了雞蛋就走，還會順便把幾樣青菜、魚、肉等商品放進購物籃，才走向櫃台結帳。這時候，超市其實早已做好規畫，要讓整筆帳單的毛利率超過預設的目標。他們先用不計成本的特價商品吸引顧客上門，再讓顧客買下其他毛利率設定稍高的商品，以便在最終結算時能獲利。

百圓商店或「全店 × 百圓均一價」的居酒屋等，也都是「產品組合」概念的絕佳運用案例。能把所有產品訂定為均一價，代表這些產品的成本率和毛利率都不同。而這些店家藉由巧妙的排列組合，讓整體事業在最終結算時，能創造利潤。

產品組合不會只出現在一間賣場，或只靠一個業務團隊就完成。即使賣場或部門改變，也能成立。舉例來說，請各位想像去滑雪或玩滑雪板的場景。

如果是全家大小一起出遊，那麼大家就要選擇離滑雪場近一點的飯店。抵達滑雪場之後，要先買纜車搭乘券。要是空手到場，就要租全套滑雪用具，再結帳付款。此外，還要幫小朋友報名需要額外付費的初學滑雪課程，接著再吃午餐。回到飯店，要把晚餐、住宿和泡湯的費用結清。離

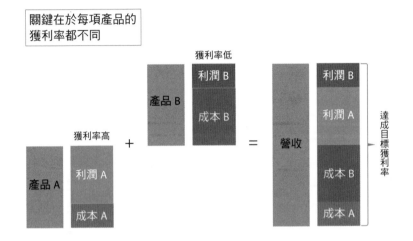

關鍵在於每項產品的獲利率都不同

開園區之前，還要買飯店的招牌伴手禮帶回家。

　　算到這裡，到底出現了幾項營收來源呢？經營這種休閒園區的企業，為了達成整體的獲利率目標，就是採用這些不同獲利率的營收來源搭配組合。星野渡假村這類產業，都是這種價值獲取的代表案例。

「次要產品」是以非主要產品為獲利主軸的一種價值獲取。它和「產品組合」的基本結構相同，但兩者還是稍有不同。而這些許的差異，最終會呈現出巨大的差異。

讓我們來看看牛丼連鎖店的狀況。雞蛋和味噌湯等小菜的毛利率，會比招牌餐點牛丼的毛利率來得高。

為了訂定更高售價，店家精心打造主要產品，力求做出差異化——這是行銷學上的金科玉律。然而，我們還是可以看到很多違反這條金科玉律的案例。觀察日本麥當勞的價目表，就可以發現明顯不合理之處。漢堡110日圓，中杯飲料220日圓，中包薯條280日圓，顯然漢堡的成本率偏高，售價卻偏低。不過，麥當勞透過鼓勵顧客選購套餐的策略，希望一方面讓顧客覺得划算，又期望藉此讓公司達到獲利率的目標。所以，他們才要用便宜的價格供應主要產品，再藉由各項周邊商品來賺取利潤。

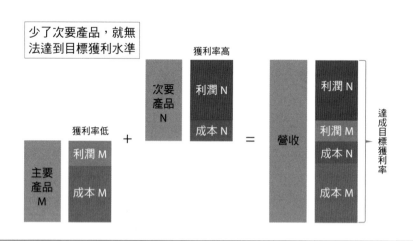

⑤ 多元利潤設定

　　「多元利潤設定」是基本上透過調整同一種商品的獲利率，來追求整體獲利的價值獲取機制。

　　汽水就是很好的例子。超市當然賣，餐飲業也供應，自動販賣機也買得到。可是，對廠商而言，三種通路的獲利率其實不太一樣。賣給餐飲業的獲利率最高，其次是自動販賣機。至於超市則因為經常低價銷售，所以很難對獲利率有太多期待。

　　若以獲利的觀點來考量，廠商當然會希望餐飲業和自動販賣機的汽水賣得愈多愈好。然而，這個願望需要先提高消費者對汽水的品牌認知度才會實現。而品牌認知卻是要在利潤微薄的超市裡，透過日積月累醞釀而來，所以廠商不能漠視超市通路。事實上，可口可樂就是用這個方法，成功推升了品牌認知，也賺到了利潤。

　　獲利率低的事物，儘管對利潤的貢獻度低，卻肩負著廣告、宣傳的任務。例如，藝人會壓低上電視節目的通告費，再從戲院或其他業務活動中爭取獲利；至於藝文界人士則不會向宣傳活動的主辦單位要求太多酬勞，而是透過收取較高的演講費，來賺取利潤。

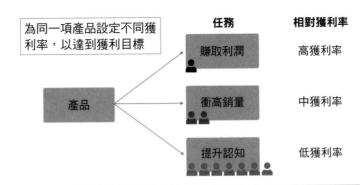

　　「事先附加」是業者在產品銷售上，追加可讓顧客在消費時加購的選項，藉以賺取更多利潤的價值獲取機制。以耐久財為例，保險和融資服務都是可以附加的項目。這些附加項目可消除顧客的擔憂，所以即使要多付額外費用，顧客也樂於接受。

　　購買要價逾 10 萬日圓的行動電話時，很多顧客都會選用融資服務。現在各家業者所販售的行動電話，功能突飛猛進，售價也變得相當可觀。業者為了讓更多用戶願意選擇自家的機型，便提供了「分期付款」的融資服務，並把成本轉嫁到手機售價上。對用戶而言，分期付款雖然比一次付清來得稍貴些，但可輕鬆擁有高階手機，還是很值得辦理。

　　而融資的事先附加，有時還可望吸引顧客再選購「保險」這項事前附加商品。顧客既然要花一段很長的時間才能付清買手機的費用，自然就會加購廠商所提供的獨家保險服務。例如，蘋果所提供的 AppleCare 等方

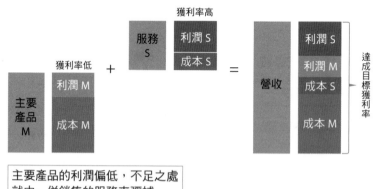

主要產品的利潤偏低，不足之處就由一併銷售的服務來彌補

案，就是很具代表性的案例。用戶只要額外付一些費用，就能省下包括螢幕破損等故障維修費用。

　　即使企業在產品銷售上賺到的利潤很微薄，但事先附加項目的獲利率卻很高，兩相搭配之下，就能達成預設的獲利目標。

⑦ 事後附加（維護）

　　「事後附加」是業者在產品銷售之外，添加可讓顧客在消費後加購的選項，是用時間賺取利潤的價值獲取機制。

　　「維護」就是屬於事後附加選項的一種，也是企業在銷售產品之外，很容易想到的營收來源之一。保險、服務是在顧客消費當下伴隨而來的營收來源，而維護則是發生在顧客消費之後，所謂的「售後服務」就是具代表性的例子，透過保養、檢修來賺取利潤。

　　各位不妨想像汽車經銷商公司，應該就會比較容易理解。如今，維護已成為汽車經銷商的主要獲利來源，尤其對那些附設維修中心的經銷商而言，修車費的毛利率比銷售新車還高。而顧客在使用產品的過程中，很有機會進廠保養，因此維護可與產品銷售分進合擊，鞏固利潤。

　　不過，能否接到顧客的維護委託，端看企業與顧客之間如何建立關

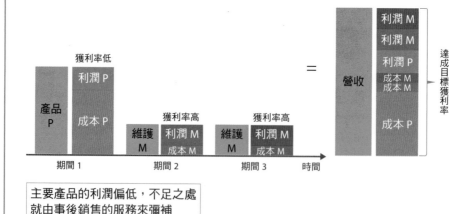

主要產品的利潤偏低，不足之處
就由事後銷售的服務來彌補

係。近年來，有些業者也提供軟體或物聯網設備的遠距維護服務，費用可選擇預收或定期收款。

⑧ 服務化（顧問化）

「服務化」意指製造業將與產品相關的服務當成營收來源，搭配產品來創造利潤。對服務業而言，服務本是理所當然的營收來源。而在這裡，則是用它來搭配產品，創造出新的價值獲取機制。

我在「⑥」介紹過事先附加的保險、融資，在「⑦」則說明了事後附加的維護。其實它們都和服務化頗有相似之處，但服務化（Servitization）的適用範圍，還包括了供應耐久財的 B2B 等，更廣泛地扮演起輔導使用者的角色，這一點和前兩者不太一樣。

在 B2B 的領域當中，要是客戶採買了廠商的設備，生產力卻仍不見提升就不會再續購；要是客戶遲遲搞不懂該如何使用設備，或者操作起來不順手也不會再下單。因此，廠商便開始深耕關懷客戶的服務，內容包括提高業務效率的顧問諮詢等，並從中賺取利潤。

早期 IBM 曾經營過 B2C 和 B2B 的硬體銷售業務，但其實貢獻獲利最多的是 B2B 的服務業務。後來因為考量生產硬體需投入的成本，以及服務更豐厚、誘人的利潤，於是 IBM 便選擇改以服務為本業，退出硬體銷售市場，成功翻轉了原有的價值獲取機制。

由於服務化是要以「廣泛提供各項服務」來當成營收來源，因此有時也會把營收來源設定在顧客購買前。例如，客戶在簽訂長期服務合約或採購硬體等耐久財之前，有時可能也有商量或諮詢需求。

在律師事務所等行業，通常都會在委託成案前就收取諮詢費；有些顧問公司也會收取提案比稿費。若要找更生活化的例子，則可看看提供私人健身課程的健身房，有些會在體驗入會時就收取體驗費用。

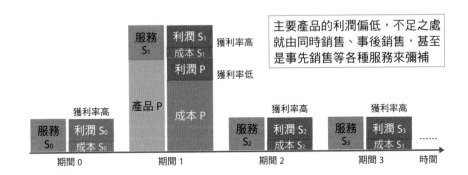

主要產品的利潤偏低，不足之處就由同時銷售、事後銷售，甚至是事先銷售等各種服務來彌補

綜上所述，業者其實可以在進入實際簽約階段之前，就設定營收來源。不過，有些業者也會提出優惠方案，表明若客戶正式簽約，則可減免事前服務的費用，以此作為吸引客戶簽約的誘因。

⑨ 次要目標

　　「次要目標」是指增加產品或服務的主要目標客群之外的對象，而且希望從他們身上賺取更多利潤。通常業者會想從主要目標客群身上多爭取利潤，而期待從次要目標身上多獲利的想法，的確相當獨特。

　　其實這套做法，在日本可以找到很多成功的案例，比方動畫電影就是很好的例子。《精靈寶可夢》和《名偵探柯南》等動畫電影一直都是日本影史票房排行榜的賣座冠軍。

　　這些動畫電影的主要目標客群是小孩。在日本，電影的兒童票價約為1,000 日圓。然而，企業爭取獲利的主要目標，其實是那些陪孩子看電影的大人。全票一張票價約 2,000 日圓，是兒童票的兩倍。一個小孩要是帶著父母進場，電影就成功從這家人身上收到約 5,000 日圓。既然所有觀眾都是坐在同樣的座椅上，看同一部電影，成本就都一樣。而大人貢獻的獲

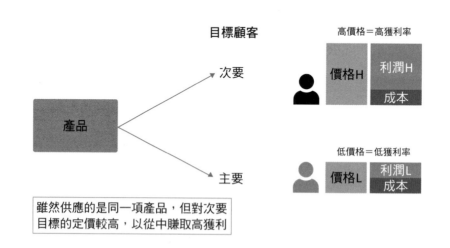

利率就遠比小孩高出一大截了。

　　同樣的事情也發生在吃到飽的自助百匯裡。有些自助百匯鎖定以家庭客為主，這種餐廳設定的主要目標，基本上也多半是小朋友，但大部分的利潤卻是由同行的大人所貢獻的。

⑩ 競標

　　所謂的競標就是從願意為某項財貨或服務支付較高金額的人身上，賺取利潤的方法。「不論如何都想搶標」的顧客會為我們貢獻更多利潤。尤其是稀缺的產品或服務，更有機會實現這種價值獲取機制。只要設定不同的價格，即使是同一套服務也能吸引各種願意出價的人進場。

　　經營畫作或古董等收藏品拍賣業務的蘇富比（Sotheby's）、佳士得（Christie's）等拍賣行，運用的正是這種價值獲取手法。拍賣行的利潤來自於銷售拍品的手續費，但成交的拍品價格愈高，拍賣行能收到的手續費也會增加。能在拍賣行標下收藏品，對絕大多數的市井小民而言，遙不可及，不過在數位時代裡，這樣的價值獲取機制，在我們生活中已日漸普及。

　　Google 的廣告投放服務「Google Ads」（前名為 AdWords）就採取競標模式。企業若想讓自家網站出現在搜尋結果前頭，就要參與競標。

　　如此競爭搶奪稀缺商品，能吸引帶來高獲利的付費者參與。

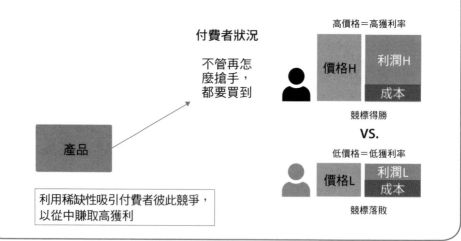

付費者狀況

不管再怎麼搶手，都要買到

產品

利用稀缺性吸引付費者彼此競爭，以從中賺取高獲利

高價格＝高獲利率

價格H　利潤H　成本

競標得勝

VS.

低價格＝低獲利率

價格L　利潤L　成本

競標落敗

⑪ 動態定價

「動態定價」（Dynamic Pricing）是指在提供完全相同的產品或服務的情況下，依即時需求增減比例、調整價格，透過整體加總來爭取獲利的價值獲取機制。

最簡單明瞭的例子，就是休閒娛樂場所在淡、旺季的不同票價設定。有些休閒娛樂場所在假日或連假時的收費較高。這是業者因應需求升溫，故選擇從願意多付費的人身上，賺取更高獲利率。而認為價格超出預算的人只好放棄，以至於在旺季時期只有付得起高價的人，才能進場或住房。這種做法就是用所謂的「行情」來定價。

近年來，這種動態定價的特色，在於使用系統進行即時售價調整，而毋須仰賴個人經驗或直覺。例如，日本環球影城（USJ）的一日入場券價格，自 2019 年起已改為依即時入園人數而浮動調整。他們還導入了 AI，分析歷史數據與當下入園人數，訂定出該有的票價。

在導入動態定價之前，日本環球影城的一日入場券統一都是 7,900 日圓，如今在淡季會降到 7,400 日圓，旺季則會漲到 8,900 日圓。如此一來，環球影城便可透過這些願意以較高價格入園的遊客，推升園方的獲利率；部分遊客則會因為票價調漲而放棄入園，此舉有助舒緩園內的擁塞。

叫車服務業者優步（Uber）也已導入了同樣的機制。他們的做法是在需求升溫之際，即時調高乘車費率。例如，每到下雨天，叫車需求就會增加，故費率也隨之調升。而那些在漲價後、仍願意叫車的顧客，就會為優步貢獻更多獲利，屬於高獲利率的客群。

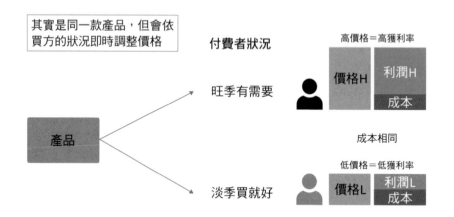

其實是同一款產品，但會依買方的狀況即時調整價格

付費者狀況

旺季有需要

產品

淡季買就好

高價格＝高獲利率

價格H　利潤H
成本

成本相同

低價格＝低獲利率

價格L　利潤L
成本

　　乍看之下，動態定價似乎與多元利潤設定很相似，其實兩者大相逕庭。多元利潤是以基本產品為基礎，再視顧客狀況推出不同產品；相對地，動態定價則是「依時段變化」迅速、頻繁地調整價格。

　　在訂閱制當中，定額訂閱的特色，就是「向使用者收取固定金額的費用」。這些業者以月或年為單位，提供「無限享用」的服務，是隨時間累積而獲利的價值獲取機制。它和成交當下就收到全額商品價金的模式不同，是在售出商品或服務後，讓顧客細水長流地付款，直到回本後仍持續收款，逐步墊高獲利，是用時間換取獲利最典型的方法。

　　既然不管用量，業者收的費用都固定，使用者當然會覺得很划算，尤其重度使用者更是如此。自從 Apple Music、聲田（Spotify）等音樂串流平台，或網飛、迪士尼＋（Disney+）等影音平台問世後，和以往每視聽一部作品就需支付相對費用的做法相比，性價比顯然是高出了一大截。

　　就業者的角度來看，由於使用者簽訂的是定額訂閱契約，公司未來的獲利狀況也比較可以預估。尤其是對那些時時牽掛獲利多寡的企業而言，定額訂閱無疑是最理想的價值獲取形態。

　　因此，在使用者選擇訂閱自家商品或服務之後，如何讓他們長期續訂，便成了一大關鍵。企業在不斷升級各項服務內容之餘，還會為使用者盡心盡力，堪稱是一套可望達成買賣雙贏的價值獲取機制。

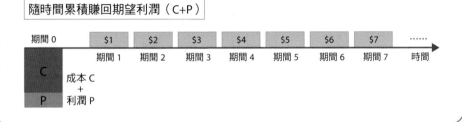

定期定額、
隨時間累積賺回期望利潤（C+P）

早期報紙、雜誌所採用的「長期訂閱制」，就是預付訂閱制的原型。這種價值獲取機制，通常都是每期向使用者收款，而且是在年初或月初就預先收取使用服務的對價。對企業而言，獲利好壞固然重要，但更誘人的是能先有現金進帳。

而這樣的做法，對使用者也有好處。若是長期使用的商品，預付訂閱除了可以省去專程採買的麻煩，預付愈多，平均單次的費用也就愈低。例如，通勤所使用的定期票、主題樂園的年票等，都是這種形式的消費。

近年來，市場上掀起了一波訂閱潮。就連在餐飲和服務業等，也都看得到訂閱制的蹤跡，但要站穩腳步，甚至成功獲利，還有很多課題必須克服。因為操作預付訂閱制，要先讓自家產品成為極具顧客忠誠度的商品，比方，特定品牌的報章雜誌、每天早上喝的鮮奶、知道自己一年要去幾次的主題樂園，或是變成每天都會搭乘的電車等基礎設施等級的商品，否則商業模式恐怕很難成立。

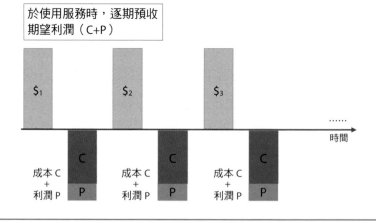

於使用服務時，逐期預收期望利潤（C＋P）

$\$_1$　　$\$_2$　　$\$_3$

時間

成本 C ＋ 利潤 P　　C　　P

成本 C ＋ 利潤 P　　C　　P

成本 C ＋ 利潤 P　　C　　P

⑭ 計量訂閱制

　　「計量訂閱制」是依用量多寡收費的一種獲利手法。使用者要多多使用，業者才會有營收進帳，進而從中獲利。與預付訂閱制不同，計量訂閱制使用者要先使用，業者才能收費。不過，當使用者完全沒有使用時，就不會產生費用，此點和定額訂閱制又不盡相同（若設有「基本費」門檻，則只能收取基本費）。對於那些尚不清楚自己使用頻率多寡，或財力不足以在一開始就付清款項的使用者而言，計量訂閱制確實有其好處。

　　計量訂閱制最典型的案例，莫過於伺服器。我在第 2 章曾介紹過亞馬遜雲端運算服務，企業毋須自行建置伺服器，使用多少伺服器服務，就付多少費用給微軟即可。還有依飛行距離收費的飛機引擎製造商，例如勞斯萊斯（Rolls-Royce）和奇異（GE）等也是採此模式。由於數位轉型、物聯網、高速通訊和數位化的普及，使得計量付費制有了長足的發展。

　　然而，並不是只要用數位工具串聯業者與顧客，計量付費制就能成立。更重要的是貼心為顧客著想的姿態。只要有隨時守候在顧客身邊的態度，就算做法再怎麼老套，計量訂閱制還是能成立。其實計量訂閱制早就

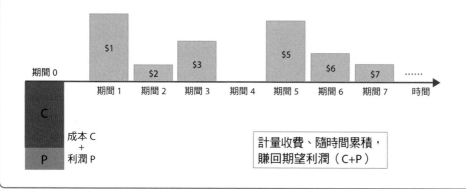

在日本行之有年。這裡說的是在「先用後利」的信念下，於 1690 年問世的「寄藥包」（配置藥品）服務。

　　要執行計量訂閱制，必須先製造產品並供貨給顧客，之後才逐步賺回利潤，故業者需備妥充裕的周轉現金。

「回頭客」的價值獲取機制,是以「有老顧客存在」為基本前提,所設計的獲利模式。對企業而言,回頭客能帶來穩定營收,大家求之不得。

不過,企業想透過回頭客來獲取價值,可不能抱持「只要有回頭客在就穩當」的苟且心態。因為這一套價值獲取機制在設計上,其實是以「沒有回頭客就無法成立」為前提。想提高回頭客上門消費的頻率,進而從中獲利,就必須在這一套價值獲取當中,安排一些具黏著度、成癮性的機關巧思,讓顧客無論如何都想再回購才行。

經營東京迪士尼度假區的東方樂園公司(Oriental Land)運用的就是這個手法。據說度假區的遊客有 90％都是回頭客,其實東方樂園就是以「90％的遊客會再上門」為前提,來擬訂各項投資計畫的。

不論是什麼類型的企業,都可以運用此價值獲取機制,培養忠實顧客,進而從中賺取穩定的獲利。不過,企業要切記備妥一套細水長流的機制,以便從回頭客身上賺取長期利潤。

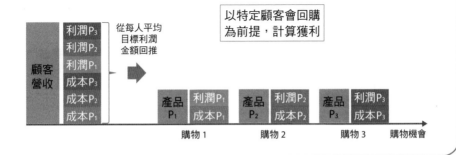

　　「長尾」（The Long Tail）是指企業不惜為銷量很低的產品備貨，以吸引想找這些產品的顧客上門，並將對方培養成忠實顧客，讓他們一而再、再而三回頭消費，最終為企業創造利潤的價值獲取方式。就「準備亮點商品」而言，長尾給人的印象，和「產品組合」的概念相似，但在長尾的概念當中，業者並非想藉增加新產品來取悅顧客，而是要強調既有產品線的豐富內涵，讓顧客成為忠實顧客，這才是企業運用長尾模式真正的目的。

　　亞馬遜能橫掃其他通路成為電商龍頭，固然是因為它銷售的品項非常豐富，但在其商品中，「一年頂多只賣出幾個」的產品占比很高。再怎麼銷路不佳的產品，有時看在核心的忠實愛用者眼中，就顯得格外重要。因此，亞馬遜的做法是先利用銷售品項，對某些忠實顧客塑造出極具吸引力的商品線，再進一步讓消費者連隨處可見的商品，都想在亞馬遜購買。

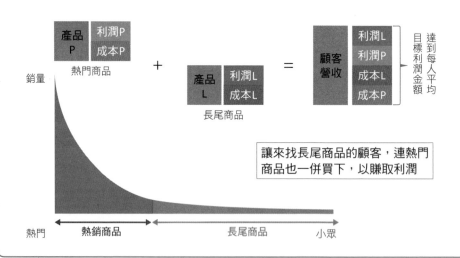

滯銷產品的週轉率很差，銷售效率不彰，更無利可圖，但企業會運用這個契機，吸引顧客購買其他一般商品，進而從中獲利──「長尾」就是這樣的價值獲取機制。

　　長尾模式要能成立，就必須大力宣傳，讓顧客知道自家企業在銷售特定產品。因此，業者要懂得善加運用網路搜尋和口碑等方式，讓顧客知道自己在某些特定領域的品項特別豐富。

⑰ 租賃

　　「租賃」使用者在購買耐久財時，不必當場付清全額費用，而是以分期付款方式結帳的價值獲取機制。對使用者而言，租賃的功能，就是可以在購買高價商品時，減輕付款壓力。

　　公務車就是很具代表性的例子。例如，一輛公務車五年後還會留下一定殘值，扣除殘值後將其他金額分期付款。使用者五年後，可選擇以殘值買斷該車輛，也可把車還給租賃業者，結束租賃合約，或者與業者簽訂新的租賃合約。

　　一旦簽約，就確定使用者在五年內要持續付款，不得擅自中止合約。相對地，企業則可確保今後五年的獲利。由於車輛本身已交付給使用者，因此業者要花五年時間，慢慢賺回已支出的資產成本和利息。

　　租賃在 B2B 領域的案例很多。除了車輛之外，事務機和電腦等設備也多採用此模式。

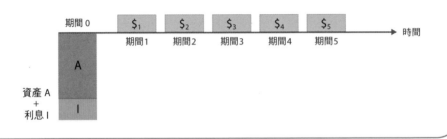

在預設期間內，以定額的方式分批收回標的資產和利息（有終點）

「刮鬍刀模式」是因為吉列公司（The Gillette Company）創辦人金‧吉列（King Gillette）在自家的刮鬍刀（Razor）和替換刀片（Blade）上用了這一套價值獲取機制，才產生這個稱號。為了創造整體加總後的利潤，它把「消耗品」當成企業的營收來源，並且延後使用者付款的時機。

企業會準備低於目標獲利率和高於目標獲利率的產品。前者用來吸引顧客上門；後者則拿來拉抬整體獲利。到這裡為止，刮鬍刀模式和產品組合的機制其實相同。而刮鬍刀模式的特殊性，在於它必須花上好一段時間來完成整個產品組合。

最典型的做法是壓低產品本身的獲利率，但將使用時所需的消耗品或附屬品的獲利率訂得很高，細水長流賺到目標利潤金額。

現在仍有許多商品採取這樣的價值獲取機制，其中最具代表性的例子，就是印表機和墨水匣。廠商把墨水匣的利潤設定在偏高水準，但印表機本體的價格就幾乎打平成本，甚至是設定在賠錢賣的價位。他們早就明白光賣印表機機體無法賺到足夠利潤，盤算著要讓顧客換個幾次墨水匣，才能達到目標獲利水準。

若想在產品本體上也爭取到和消耗品一樣高的獲利水準，那就不叫做刮鬍刀模式了。因為一旦產品變貴，便很難吸引使用者購買，以至於這個價值獲取機制就會瓦解。

其實家用電視遊樂器也都還在使用刮鬍刀模式。主機的毛利很低，業者甚至還可容許毫無獲利，但在軟體方面的利潤設定較高。遊樂器的硬體和軟體分工明確，比較容易建立刮鬍刀模式所需的關係。

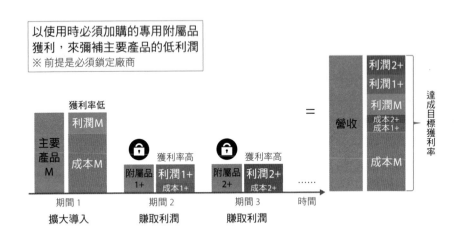

以使用時必須加購的專用附屬品獲利，來彌補主要產品的低利潤
※ 前提是必須鎖定廠商

若要以刮鬍刀模式當成自家企業的價值獲取法，最好先將要用來當產品本體或基本商品的品項，和用來當消耗品、附屬品的品項列出來盤點一番，再想想後者能否賺進豐厚利潤。由於附屬品都是在購買產品本體之後才付費加購的，因此與顧客維持長期的關係，便成了發展刮鬍刀模式時不可或缺的關鍵。

在刮鬍刀模式當中最該留意的一點，就是「廠商鎖定」（Lock-in）。業者要讓產品本體和附屬品互為專屬，無法以其他產品替代，否則使用者在買了讓業者無利可圖的本體之後，就會搭配其他廠牌的廉價消耗品使用。

實際上，佳能（Canon）過去就曾以低價銷售印表機，後來 Ecorica 等專門回收空墨水匣填充再製的業者，在市場上以低價銷售再製墨水匣，造成佳能無法靠消耗品賺回利潤，整個價值獲取機制因而瓦解。

這件事後來還鬧上了法院，不過孰勝孰負，遲遲沒有定論。後來印表

機廠商為求自保，在印表機上加裝 IC 晶片，設計出不搭配原廠墨水匣就無法使用的機制。

即使原本就設計了廠商鎖定，都還會發生像佳能這樣的問題。如果消耗品和附屬品從一開始就與其他廠牌產品相容，這個價值獲取機制更是無法成立。例如，當車商在汽車售價上讓利，但調高原廠修理、保養的利潤時，車主只要能找得到其他民間維修廠，就會往便宜的地方流動。

日用品當中的洗髮精和補充包，也很難套用刮鬍刀模式，因為空瓶裡可裝入任何品牌的商品。因此，各家廠商為瓶裝洗髮精和補充包所設定的獲利率，落差不會太大。

⑲ 會員制（會費）

　　「會員制」是設定以「會費」作為收入來源，隨時間累積一再收取，進而從中賺取利潤的價值獲取機制。

　　以「會員年費」當成主要獲利來源，至於本業的零售，則視為無利可圖的營收來源──敢採取一般企業無法想像的做法的，就是我在前一章介紹的好市多。他們決定放棄在流通業追求更高的獲利率，只仰賴會員年費來賺取利潤，以達成獲利目標。

　　會員制的特色，就是將非本業的會費當成獲利主軸。此外，若是收取年費，企業則可於事先收到一整年度的費用。就現金流量而言，堪稱是最理想的狀態。不過，想預收年費，企業必須端出相當豐富的會員優惠。

　　不論是什麼類型的企業，都可以將會費當成營收來源。然而，目前很多企業在形式上是採會員制，但在會費上卻提供免費回饋。或許是因為入會並沒有太多優惠的緣故吧？

　　企業能否提供夠優質的服務，讓顧客覺得「即使付費都願意成為會員」，才是企業評估是否採用會員制的關鍵論點。

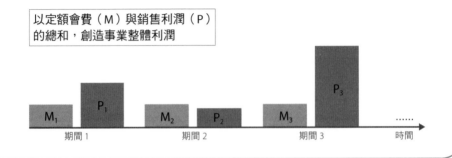

以定額會費（M）與銷售利潤（P）的總和，創造事業整體利潤

　　「免費增值」是將主要產品,也就是產品本體的利潤歸零,但在附屬服務上設定較高獲利率,而且延後收取利潤,採用整體事業一起達成獲利目標的價值獲取機制。而免費增值一詞,則是因為克里斯・安德森(Chris Anderson)的《免費!:揭開零定價的獲利祕密》(*Free: The Future of a Radical Price*)才廣為流傳。

　　刮鬍刀模式和免費增值的差異,在於刮鬍刀模式雖為產品本體設定較低的獲利率,但仍會收取費用;相對地,免費增值則是完全免費(free)供應,可說是數位化興起,才得以確立的價值獲取機制。

　　刮鬍刀模式操作的是「物品」,難免會產生一些邊際成本＊;而在虛擬世界裡,業者供應應用程式等各項軟體給使用者,並不需要負擔邊際成本。儘管會有研發費用等固定成本,但供應產品並不會衍生額外成本,就算免費提供,企業也不會有現金支出。

　　免費增值最蓬勃發展的領域,就是線上遊戲業界。遊戲本身可供玩家免費體驗,但業者會販售收費道具,幫助玩家快速過關或升級。這就成為創造利潤的營收來源,業者可從中細水長流地賺回利潤。

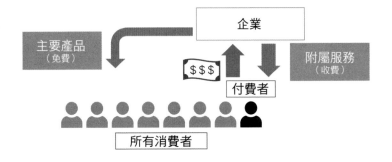

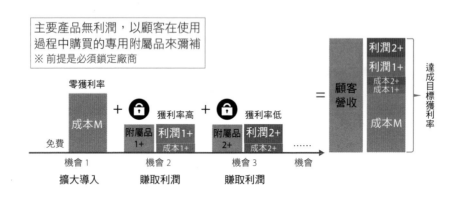

主要產品無利潤,以顧客在使用
過程中購買的專用附屬品來彌補
※ 前提是必須鎖定廠商

零獲利率

成本M

免費

機會 1
擴大導入

獲利率高
附屬品 | 利潤1+
1+ | 成本1+

機會 2
賺取利潤

獲利率低
附屬品 | 利潤2+
2+ | 成本2+

機會 3
賺取利潤

機會 ……

= 顧客
營收

利潤2+
利潤1+
成本2+
成本1+

成本M

達成目標獲利率

　　在數位企業當中,免費增值已司空見慣。不過,在製造業或銷售業,執行免費增值其實相當危險。一旦免費提供產品本體,企業就要負擔邊際成本,現金也會隨之流出;況且業者無從確定顧客是否願意購買自家的附屬商品,故難以從中回收利潤。

　　以往,我們也看到像行動電話或飲水機等產品,會以「本體實質免費」的方式供應。乍看之下,它們似乎都是採取「免費增值」的手法,但這些產品若沒有提供訊號、桶裝水等附屬服務的話,根本無法發揮功能,況且廠商也能鎖定商品,再加上它們的付費加購皆有合約綁定,因此業者可確實賺得利潤。

　　就這些角度看來,這種價值獲取機制的確和免費增值不太一樣,比較像產品本體免費的刮鬍刀模式。

＊　也稱為「增量成本」,意指額外供應一單位的產品或服務時,業者需要多付出的成本。此稱呼比較簡單易懂,但一般「邊際成本」較為人所知。

㉑ 副產品（by-product）

所謂的「副產品」，是指在本業的價值創造之中，運用可為非主要顧客貢獻價值的產品來賺取利潤。企業即使未從本業完成價值創造的目標並產生利益，結果也能從主要顧客以外的付費者身上，獲得次要權利，進而挹注豐厚利潤。一般而言，企業並不會刻意創造這些次要權利，因此將其視為不花任何成本、毛利率100%的營收來源。

我們在第2章曾深入探討特斯拉的案例。他們從非汽車銷售的客群身上也賺得不少利潤。而貢獻這些獲利的，就是向特斯拉購買排放權配額的競爭同業。光是銷售電動車，獲利還是有缺口，於是特斯拉就設法用這樣的方式補足利潤，強化獲利結構。

瑞士的威士特加‧凡德森公司（VESTERGAARD FRANDSEN）研發出了一款用特殊樹脂製成的吸管型淨水器「生命吸管」（LifeStraw）＊。只要用這根吸管，就能將汙水變成飲用水，濾除水中99%的大腸桿菌和寄生蟲。業者想把這款產品銷售到缺乏乾淨飲水的地區，但對開發中國家的一般家庭而言，它的價位實在太高。於是，威士特加‧凡德森公司為了提供一般家庭負擔得起的便宜價格，開始從非主要客群中，找尋可付費的市場參與者。

他們鎖定的是那些二氧化碳排放量超標，想取得更多排放權的企業。

一般而言，如果要飲用汙水，必須先生火煮沸，故需燃燒石油或木材。而用生命吸管完全不需經過此程序，所以不會排放二氧化碳。威士特加‧凡德森向聯合國的相關機構、非政府組織等團體提報了這個想法，爭取到了排放權認證，並把這些排放權拿來交易賺取營收，最終成功免費供應吸管給民眾使用。

在建築的空中權上，我們也看到了類似案例。日本各地區對建築物設

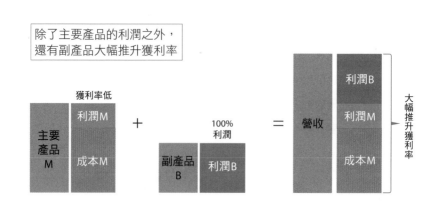

除了主要產品的利潤之外，
還有副產品大幅推升獲利率

獲利率低

利潤M

主要
產品
M

成本M

+

100%
利潤

副產品
B

利潤B

=

營收

利潤B

利潤M

成本M

大幅推升獲利率

有不同的高度限制，不能超過限高。不過，如果建築高度低於限高，就會多出一些可建高度，而這些權利是可以出售的。

日本東京車站的復原建案是相當成功的案例。2012 年，JR 東日本公司將東京車站丸之內的站舍全面翻新整建，總工程款要價約 500 億日圓。儘管費用相當可觀，但為了提升東京車站的便利和品牌形象，的確有必要。

在本案當中多虧有空中權在手，JR 公司才能在不需籌措任何經費的情況下，成功改建站舍。東京車站為地下兩層、地上三層的低樓層建築，依它所在的區位，樓地板面積可興建到基地面積的九倍，足以蓋成高樓大廈。JR 東日本將站舍上方剩餘的興建權利，以「空中權」的形式出售給鄰近企業。這些企業並非東京車站的主要客群，JR 卻從他們身上賺到了營收，讓自家公司的利潤不會因整建案而縮水。

＊　本案例資料引用自 Michel（2015）。

導入此價值獲取機制之際，從找尋非主要顧客的付費者開始著手比較有效。用競爭對手或同業資金來強化自家公司的獲利結構，乍看之下或許會讓人覺得有些荒謬，但其實真能意外找到。

內容是指透過本業創造出來的資訊資源。而這裡所謂的 IP，意旨企業在各種平台運用這些資訊資源，創造利潤之意。而會運用這種操作的，主要是著名作品。

其中資金進出量最大的，就是漫畫、電影和遊戲。當年導演兼編劇喬治・盧卡斯（George Lucas）在製作《星際大戰》（Star Wars）時，找上了大型片商二十世紀福斯影業處理發行事宜。然而，由於當年以太空為主題的電影，票房成敗實在很難預估，所以二十世紀福斯很猶豫該不該接受。盧卡斯為了讓二十世紀福斯同意接下發行業務，提報了一份幾乎不收任何導演酬勞的合約。不過，他仍保有星際大戰所衍生的各式商品授權權利，並將規範內容放進了合約。

後來電影一炮而紅，二十世紀福斯賺進了大把鈔票，盧卡斯也有鉅額獲利進帳——因為後來製作了許多周邊商品，樣樣暢銷熱賣。盧卡斯在「電影」這個原本的價值創造上，並沒有達到自己想要的獲利水準，最後

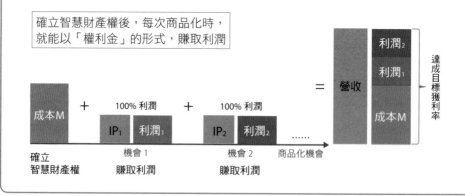

確立智慧財產權後，每次商品化時，就能以「權利金」的形式，賺取利潤

將內容轉成其他用途，從周邊商品製造商身上賺進了可觀的內容收入。而且從毛利率來看，這筆收入的獲利率高達 100％。

有時也會有公司完全不從顧客身上賺取利潤，而是透過不同營收來源，從其他付費者身上賺到目標利潤金額。例如三麗鷗（Sanrio）公司以往是自行生產、銷售凱蒂貓（Hello Kitty）的產品，自 2008 年起才調整價值獲取機制，全面改將權利出借給主題樂園或營運商，從中賺取利潤。

在內容產業當中，通常會把這種資訊內容稱為智慧財產，在製作時就以多元使用為前提，將價值獲取精心打造成事業。

㉓ 手續費事業

　　手續費事業是以某些名目，向非本業顧客的付費者，尤其是 B2B 企業收取手續費的價值獲取手法。

　　生活中最常見的案例，就是汽車經銷商為顧客牽線，協調投保保險公司的保險商品或申辦銀行貸款，藉以從中賺取傭金。換言之，他們從非顧客的付費者身上收取手續費（fee），藉以賺取利潤。儘管手續費的金額微薄，但毛利幾乎是 100%，在企業追求達成獲利目標的過程中應該會大有貢獻。

　　企業有時也會向同業收取手續費。例如，亞馬遜在電商網站上，除了經營本業的商品銷售之外，也經營亞馬遜電商市集。在亞馬遜電商市集中，亞馬遜將網路上的空間出租給業者，藉此向業者收取開店費用，也就是從非電商網站顧客的付費者（業者）身上，收取不是來自產品的營收（開店費）。

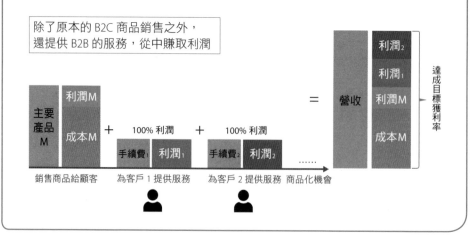

㉔ 優先權

　　優先權是為那些基於某些因素，而想盡早拿到產品，或希望優先享受服務的顧客，設定有別於一般產品的營收來源，藉以賺取利潤的價值獲取機制。

　　例如，人潮洶湧的主題樂園，就會採用這套做法——也就是在一般的入場券、設施搭乘券之外，還提供能讓遊客跳過排隊人龍的優先券，此能為園方創造利潤。優先券是可以做到毛利率100%的一種價值獲取機制，但濫發恐將造成另一波排隊人潮，而造成票券失去原本該有的價值。

　　此外，近年來，有些電影院也推出了優先座位制，在最適合觀賞大銀幕的位置，設置使用豪華座椅的頭等席位，供觀眾選擇。這種操作在設備上需要投資一些成本，但在維持同樣上座率的情況下，還能賺到額外費用，就長遠來看是企業很樂見的營收來源。而這個模式成功的關鍵，就在於要能找到不惜掏錢、願意額外付費的顧客。

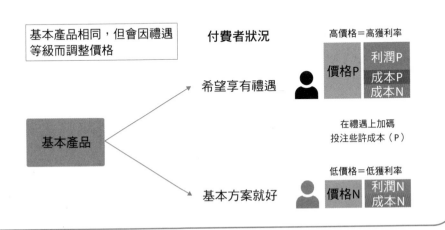

三方市場是以「廣告」營收來源為核心，所打造的價值獲取。企業運用自己招攬顧客的能力，將廣告版位交由其他企業運用，並從中賺取相對的報酬。

電視台一直以來都是透過廣告來實現價值獲取。他們不向觀眾收費，只仰賴廣告主貢獻的利潤，事業就能成立。況且電視台還是政府管制的特許行業，家數有限，一開台就可望爭取到一定程度的觀眾人數，因此價值獲取機制馬上就能成立。

至於雜誌事業，通常則是一手向讀者收取雜誌費用，另一手向廣告主收廣告費。不過，雜誌的獲利，約有一半都是來自廣告主貢獻的廣告費。

進入網路時代後，谷歌、臉書也循這種模式，賺進了可觀的利潤。他們以數位平台為跳板，並利用「三方市場」這種價值獲取機制，讓事業有了突飛猛進的發展。

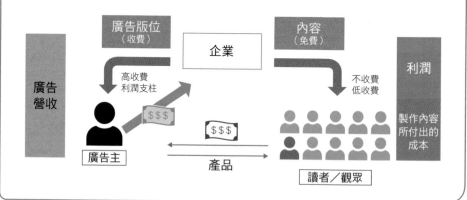

所謂的媒合（matchmaking），就是用參與交易者所付出的費用來搭配組合，藉以從中創造利潤的價值獲取。房仲等行業從早期就一直沿用這種手法迄今，是很傳統的操作模式。但進入數位化的全盛時期之後，各行各業還可運用網路平台來進行媒合，因此有了長足的發展。

經營線上跳蚤市場的日本企業 Mercari，自創立以來就一直以這一套模式壯大事業版圖。Mercari 不會向買方收取手續費，但在成交時，會向賣家收取 10％的銷售手續費，而這也就是他們的主要獲利支柱。儘管每一筆交易平均貢獻的手續費金額微薄，但許多使用者幾乎是天天上線交易，手續費一點一滴累積，最後就會成為龐大的利潤收入。

賣方有時也可能是一般商家，通常手續費都是向他們收取。由於手續費會直接牽動仲介業者的利潤高低，因此業者需要建立一套能吸引更多買方聚集的機制。

其中一方的使用者成交的手續費，
降低了另一方使用者的使用門檻

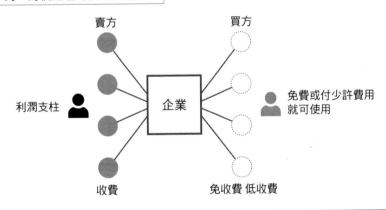

所謂的宣傳大使（ambassador），是大使、使節之意。其操作手法是請現有顧客以外者使用企業產品，再由他們廣為宣傳。當企業從現有顧客身上已能賺得一般水準的利潤、但還想再拓展客群時，就會採用宣傳大使。

企業請宣傳大使所提供的對價是支付使用產品的費用或使用費用折扣，有時甚至會免費提供。如此一來，宣傳大使便成了獲利貢獻度偏低的付費者。不過，業者既然刻意找來宣傳大使，就是希望他們發揮宣傳產品的功能。而此舉可望節省原本應支出的宣傳費用，若再考量成本效益，整體看來的確有助於降低成本，故此模式可成立。

奧多比（Adobe）的 Creative Cloud、微軟的 Office 365 等軟體，都有所謂的教育版。而這些教育版的使用者，就是軟體的宣傳大使。成為宣傳大使的教職員，會用這些軟體來進行教學等相關活動，吸引學生族群成為使用者。而廠商願意以非常優惠的價格來提供產品給宣傳大使，則是預期他們可以幫忙招攬更多使用者。況且如果學生在畢業後，還有意繼續使用這些軟體，那麼他們就會轉為付正規費用的一般使用者。

還有一個藉由宣傳大使拓展產品銷路與知名度的經典案例，那就是雀巢的 NESCAFE Barista 咖啡機。雀巢當年為了提升咖啡銷量，而生產了這款咖啡機，並銷售給一般消費者。

而雀巢的宣傳大使，就負責在自己任職的公司設置了這一款全自動咖啡機，只要每個月訂購的咖啡達一定數量，機器就免費供這些企業使用。儘管喝咖啡還是要付錢給雀巢，但費用會由這些企業負擔。算起來一杯咖啡平均只要約 20 日圓，對企業而言負擔很小。

如果藉由這樣的操作，能讓員工體會到產品優點，決定私下購買雀巢

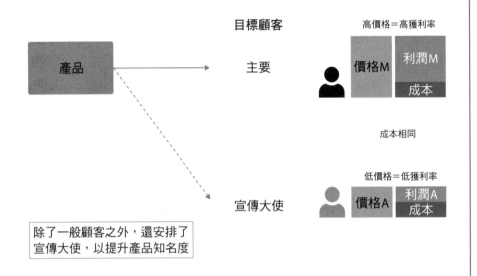

目標顧客

主要

宣傳大使

高價格＝高獲利率

價格M　利潤M
　　　　成本

成本相同

低價格＝低獲利率

價格A　利潤A
　　　　成本

產品

除了一般顧客之外，還安排了
宣傳大使，以提升產品知名度

的 NESCAFE Barista 咖啡機放在家中使用，並持續支付正規價格向雀巢購買咖啡，那麼對雀巢而言，就算是成功開拓了新客群。

　　乍看之下，這些宣傳大使為企業貢獻的利潤，的確不如一般顧客那麼多，但在開拓新客群方面，他們有舉足輕重的影響力，能幫助企業細水長流賺進利潤。在導入這樣的價值獲取機制之際，可先將宣傳大使設定為「不會貢獻利潤的付費者」，要是他們後續遲遲無法貢獻獲利，企業就要重新評估宣傳大使的角色，思考讓他們做什麼。

所謂的「虛榮溢價」（Snob Premium），是指讓有能力支付高額費用的消費者，願意在幾乎完全相同的服務上多付錢些，以便從中賺取利潤的價值獲取模式。主要出現在會員制的企業當中，大多會讓願意多付費的顧客成為獲利支柱。而對顧客來說，這也塑造了自己的地位。

把這一套價值獲取發揮得最淋漓盡致的，就是美國運通卡（American Express，Amex）。美國運通在一般的簽帳卡、簽帳金卡之上，又設計了一種等級更高的白金卡。目前美國運通已開放大家可自由申辦此卡，但早期需要透過介紹才能申辦。而且，這張卡的年費要價 13 萬日圓（未稅），超出行情一大截。不過，只要是持卡人，就能享有各種令人備感地位尊榮非

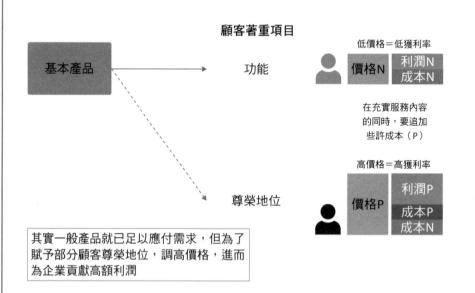

顧客著重項目

功能

低價格＝低獲利率
價格N　利潤N／成本N

在充實服務內容的同時，要追加些許成本（P）

尊榮地位

高價格＝高獲利率
價格P　利潤P／成本P／成本N

其實一般產品就已足以應付需求，但為了賦予部分顧客尊榮地位，調高價格，進而為企業貢獻高額利潤

基本產品

凡的服務，例如，銀行提供專屬的白金祕書、旅遊相關服務的安排等。

　　還有一個地位更尊榮的等級，是由美國運通邀請才能申辦的百夫長卡（Centurion Card）。這張簽帳卡的年費要價 35 萬日圓（未稅），是美國運通發行的簽帳卡當中，地位最尊榮的一張。實際上，百夫長卡的持卡人，並沒有那麼頻繁地獲得特殊禮遇。其實這張簽帳卡的重點並不在禮遇，而是持卡人會願意為了「受到美國運通認可」的這份殊榮感，支付額外費用。

　　企業必須要有足夠的品牌力，虛榮溢價才能成立。不過，若是具備一定品牌力的企業，那麼應該就有評估用虛榮溢價來獲取價值的空間。

　　所謂的加盟，就是將營業權的使用許可授予他人，細水長流收取對價，並從中賺取利潤的價值獲取機制。授權他人加盟的企業（加盟總部），要提供一整套的服務給使用權利的企業（加盟主），內容包括：門市招牌和產品權利、採購、銷售、攬客、招募、商品開發等跟發展事業所需的各項要素，並收取相對的報酬。

　　加盟總部企業也在推動價值創造的同時，創造利潤，並將這一套方法的使用權利出借給其他企業，再利用從加盟主身上賺得的利潤來貼補自家事業，獲取價值。加盟總部要先成為標竿，在事業中創造足夠的利潤，加盟主才會對總部的商業模式感興趣，興起想運用的念頭。幫企業帶來利益來源的有自己公司的顧客和加盟主。

　　全球最大的加盟體系是麥當勞，其加盟始於 1955 年，雷·克洛克（Ray Kroc）很欣賞麥當勞兄弟一手打造的漢堡店，便創立「麥當勞系統公司」（McDonald's System，即現在的 McDonald's Corporation），成為加盟總部。

　　他將麥當勞價值創造方法的使用許可授予其他公司，要求加盟店支付營收的一定百分比當成報酬。他從這些報酬中扣掉自己應得的報酬後，再將加盟賺得的利潤付給麥當勞總店。總店就靠著這些加盟收入，逐步推升獲利。

　　經過幾番波折，最後克洛克成為麥當勞相關權利的持有人，打造出現在的經營型態。克洛克向銀行申辦貸款，把土地抵押給銀行，再於土地上興建麥當勞門市後，將門市長期租賃給加盟主。土地歸克洛克所有，加盟主只需要依加盟規範經營門市即可，是一套非常巧妙的運作機制。

　　銀行很信任麥當勞的價值創造，讓克洛克轉眼間就成了坐擁許多不動

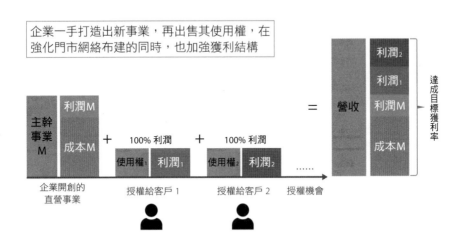

企業一手打造出新事業，再出售其使用權，在
強化門市網絡布建的同時，也加強獲利結構

產的地產大亨。他自己找土地蓋店面，又教加盟主門市如何營運，等於是
將開店該做的準備都打點好，再授權給加盟主，從中賺取利潤。

　　「加盟」這種價值獲取機制後來又擴及到各行各業，例如 7-Eleven 等
便利商店、連鎖居酒屋、書店和影音出租連鎖等。

㉚ 資料存取

　　所謂的「資料存取」，就是企業在自行推動價值創造的同時，將累積的數據資料提供給有興趣的業者，並收取一定的存取權使用費，從中創造利潤的價值獲取機制。早期企業會把某個時段的一團資料（資料集）賣斷給業者；如今網際網路已是你我生活的一部分，企業授權業者存取每天上傳的資訊，並收取費用的做法，已成常態。

　　若想採用這一套價值獲取，最好先考慮清楚「誰會想要我們在本業累積的資訊」，再著手建構價值獲取機制，甚至還要先預設哪些資訊可供業者存取，並進一步思考提供存取的方法。

　　以日本紀伊國屋書店為例，他們不僅會在書店銷售書籍，還會透過「Publine」公開旗下全門市在 POS 收銀機上管理的資訊。換句話說，紀伊國屋堪稱是將自家 POS 資料對外公開的先驅。而會購買這項服務的付費者，包括出版社編輯、業務員等。對他們來說，這些資料可以用來掌握銷

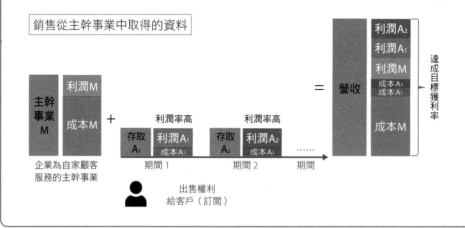

銷售從主幹事業中取得的資料

售趨勢，並多方了解競爭同業發行的書籍銷量，研擬銷售策略等，極具利用價值。

　　紀伊國屋書店以每個帳戶每月 10 萬日圓（未稅）的金額，出售資料庫的存取權，簽約客戶的數量一路穩健成長。由於資料庫原本就歸紀伊國屋所有，故可壓低運用成本。從這個管道賺取的利潤，有別於本業的書籍銷售利潤，意義重大。儘管對企業而言，這是在主要顧客之外另謀出路，從其他客戶身上賺取利潤的特殊手法，但只要條件許可，任何企業都能挑戰這種做法。

前面我們看過了三十種價值獲取機制。在這當中，應該有某一項就是各位讀者公司目前正使用的手法。

　　這裡我想請各位特別留意：在某個業界的常識，在其他產業可能就是創新的價值獲取。以製造業為例，「產品銷售」（①）是最主流的價值獲取機制，改用其他二十九種模式都是在促進獲利創新。

　　在多數企業採取「產品組合」（③）價值獲取機制的流通業，好市多就是因為採取了「會員制」（⑲），而在業界成為創新的價值獲取機制，成功拉開自己的領先距離，讓其他同業望塵莫及。

　　至於在數位裝置和汽車業界，則是以「產品銷售」（①）為主，但正因為蘋果用的「服務化」（⑧）和特斯拉用的「副產品」（㉑）的價值獲取，兩家公司採用了創新的商業模式，持續為公司創造績效。

　　還有一點希望各位牢記：一個事業單位（Business Unit，BU）當中，只會存在一套價值獲取機制。所謂的事業單位，是指在某個有目標客群和競爭同業的市場上，供應產品、發展業務。有時我們可在組織圖上明確分辨出事業單位在哪裡，例如「事業部」就是如此；但有些事業單位是在事業部內的小型事業或專案，雖然存在卻在組織圖上看不出來。

　　當某一項事業推動獲利創新時，現有的價值獲取就會改換成其他模式。

　　最簡單好懂的例子，就是從目前的「產品銷售」（①），全面轉型為完全不同型態的「定額訂閱制」（⑫）。像奧多比（Adobe）就是從原本以賣斷形式銷售 Adobe Creative Suite，全面轉型為定額訂閱的 Creative Cloud。

　　在轉型之初，奧多比選擇讓兩者併存，但由於在與使用者的互動和業務推廣方面，兩者操作截然不同，所以奧多比後來決定結束當時

營收還相當可觀的產品銷售業務，專心經營訂閱制。

有時在一項事業裡，看來似乎有多個不同的價值獲取機制存在，實際上大多是因為其中混雜了多個事業部門的緣故。舉例來說，如果只看亞馬遜的電商平台，會認為它的價值獲取機制除了「產品銷售」（①）以外，還包括提供給 Prime 會員的定額訂閱服務（⑫），還有向零售業者收取手續費的亞馬遜電商市集，也就是發展出「手續費事業」（㉓）。這些事業部門各自分立，依不同的價值創造內容，搭配合適的價值獲取機制，並存於亞馬遜的電商事業當中。若再俯瞰整個亞馬遜集團，就會發現它們還運用了「計量訂閱制」（⑭）。不過，「AWS」這項事業，其實是由亞馬遜旗下的另一家公司負責推動。

在構思如何推動獲利創新之際，最好用新的價值獲取來取代現有模式，或是在新增不同的價值獲取機制時，另外成立其他事業部門。

▶ 02.
如何催生新的價值獲取機制？

這三十種價值獲取機制都是前人所創造的，也就是所謂的「成品」。通常企業會以這三十種的其中一種為目標，著手改變自己運用的價值獲取機制。

不過，在本書當中，我希望能以找到放眼「未來」的獲利創新為目的。在這個動盪多變的時代，我期盼企業經營者勿滿足於前人創造的價值獲取機制，而是要勇於轉換方向，憑自己的力量，創造出第三十一個、第三十二個創新的價值獲取新模式。

然而，企業該怎麼做，才有辦法催生出前所未見嶄新的價值獲取

圖表 3-2　多元營收來源的經典範例

營收來源	概要
❶ 產品	在主要產品的成本上，外加一定程度的利潤，以賺取營收
❷ 消耗品	用適合主要產品的消耗品來賺取營收
❸ 保養	透過售出產品後才會發生的保養需求，來賺取營收
❹ 服務	藉由解決售出產品後伴隨的使用問題，來收取服務費，以賺取營收
❺ 報廢	協助使用者報廢產品，以賺取營收
❻ 會費	用某些名目收取會費，以賺取營收
❼ 副產品	出售在發展本業時產生的副產品或權利
❽ 智慧財產	跨平台使用內容或 IP，以賺取營收
❾ 廣告	向廣告主收取廣告費，以賺取營收
❿ 權利金	出售自己打造的事業模式或產品的使用許可，以賺取營收

機制？

　　要打造出新的價值獲取機制，就必須經過「先備料，再組裝」的過程。

　　請各位再回頭審視前面的三十種價值獲取機制。它們都是創業家、企業家絞盡腦汁的結晶，看得出種類相當多元豐富。乍看之下，它們似乎毫無任何共通之處，但其實仔細看看這些價值獲取的內容，腦中就會浮現出某個關鍵字。

　　這個關鍵字就是「營收來源」（source of revenue）。前述第 ① 到第 ㉚，每一種價值獲取機制，都是運用營收來源建立的。

　　圖表 3-2 這張清單，就是在三十種價值獲取機制當中出現過的主要營收來源。這裡只是精選出較具代表性的極少數項目，列出十種營收來源，而非全部。

　　在三十種價值獲取機制當中，過去多數製造業採用的，就是透過

銷售產品來獲利的「① 產品銷售」模式。而當我們更進一步確認它的營收來源時，當然就會發現是「❶ 產品」。這時，為了讓企業邁向新的價值獲取機制，廣泛認識各種營收來源，尤其重要。

究竟該如何運用這些營收來源，創造出價值獲取機制呢？

舉例來說，在這三十種價值獲取機制當中，「⑱ 刮鬍刀模式」就是由十種營收來源當中的「❶ 產品」和「❷ 消耗品」所組成；「⑲ 會員制」則是由「❶ 產品」和「❻ 會費」組成；而「㉑ 副產品」則是由「❶ 產品」和「❼ 副產品」組成。

也有些價值獲取機制，是靠著精進單一營收來源而來。例如「⑫ 定額訂閱制」的價值獲取機制，在設計上就是要透過定期收取「❻ 會費」這項營收來源，以創造利潤。

圖表 3-3 呈現了價值獲取與營收來源之間的關係。

從圖中我們可以看出，三十種價值獲取機制，都是以這十種營收來源為元素所構成。對營收來源有正確的認知，是企業能否催生出新價值獲取機制的重要關鍵。找到幾個營收來源來搭配組合或不斷精進，新的價值獲取就會應運而生。

然而，部分歷史悠久的製造業，或許早已評估過 ❷ 到 ❿ 這些營收來源，甚至還實際採用過，結果卻沒有太顯著的效應，最後只好黯然結束。

不過，那些以往不太順利的嘗試，只要時代背景和環境改變，或許就能成功達陣。尤其現今數位化的發展一日千里，物聯網、AI 已理所當然融入日常生活中。有了這些科技的加持，以往只有理論上才能實現，或需要發動人海戰術才能獲得的收益，如今可能突然變成帶財的聚寶盆。科技日新月異，因此定期重新評估各種營收來源，顯得格外重要。

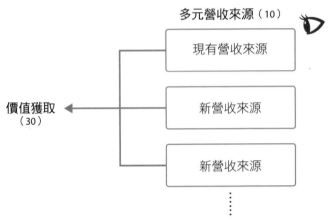

多元營收來源（10）

現有營收來源

新營收來源

價值獲取
（30）

新營收來源

註：價值獲取和營收來源後的（數字）為本書所呈現的類型數量。

　　這裡只呈現了最經典的十種營收來源，並非全部。若能盡量多認識不同的營收來源，就更有機會創造出嶄新的價值獲取機制。

　　究竟該如何找出新的營收來源呢？在下一章當中，我就要為各位說明如何系統性地萃取出合適的營收來源。

第 **4** 章

營收來源多樣化

重點提要

- 如何增加營收來源？
- 何謂收費點、收費時機，和用來擴大收費點的收費對象？
- 拓展營收來源是為了追求利潤

關鍵字

▶ 營收來源多樣化
▶ 新的營收來源
▶ 收費點
▶ 收費對象
▶ 收費時機

前一章為各位介紹過的價值獲取機制，都是前人完成的「獲利手法」，而這三十種模式可說是一份型錄。要承襲這些內容，當成自家企業的價值獲取機制來著手發展，也不失為方法。

然而，在本書當中，我們的目的是要在承襲前人做法的同時，找到放眼「未來」的獲利創新。因此，在最重要的著眼點——營收來源多樣化上，我要為各位介紹的是從「收費」觀點，重新審視營收來源的方法。

只要我們對營收來源的看法改變，就能朝「催生獨門價值獲取機制」的獲利創新邁進。

▶ 01.
邏輯性地找出營收來源

本書最終的目的，是要帶領各位推動獲利創新。這是表示希望讓企業從現有的價值獲取，轉往新的價值獲取機制。

要做到獲利創新需要經過兩道程序：先是營收來源多樣化，之後再把這些營收來源打造成價值獲取機制，也就是所謂的盈利化。我整理為圖表 4-1。在本章當中，我要說明如何找出以價值獲取為基礎的營收來源，也就是「營收來源多樣化」的內涵。

◆ 為什麼有營收？

從財務或會計觀點來了解營收來源，保證會讓人立刻停止思考。

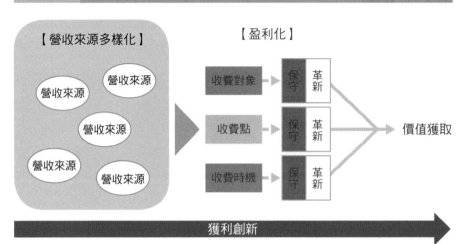

圖表 4-1　想追求獲利創新，就要先推動營收來源多樣化

【營收來源多樣化】　　　　　　　【盈利化】

營收來源　營收來源　營收來源　營收來源　營收來源

收費對象　保守／革新

收費點　保守／革新

收費時機　保守／革新

價值獲取

獲利創新

因為這樣一來，我們就只能從財務用語、會計科目的角度來思考，只會看到已確立的營收來源，而很難深入找出潛在營收來源。這樣做是無法為企業找到多元營收來源的。

那麼，我們究竟該怎麼做呢？想廣泛了解公司有哪些潛在營收來源，就要思考「為什麼有營收」，也就是它發生的原因何在。如此一來，我們就會碰到「收費」這個關鍵字。

收費（charge，日文為「課金」）正如字面所示，意指企業「收取費用」。就目前已知的營收來源而言，其實就是針對某些物品、服務收費。請各位想一想目前公司的營收來源，這就是某些人在某個時間點，為某項產品所付的費用。

同理可知，新的營收來源也是某些人在某個時間點，為目前還看不到的某項產品所付的費用。從收費的角度來觀察，我們才得以體會付費方的感受與心痛。

其實對付費者而言，日文的「課金」一詞已耳熟能詳。如上所述，「收費」原本的意思是企業向付費者收取某一筆款項。但付費者現在也會用課金一詞，來表達「付費」之意。但付費方用「我課金了」這種說法，在文法上其實是錯誤的，不過，在使用遊戲、音樂和動畫等服務的圈子裡，「課金」一詞早已站穩了腳步。

綜上所述，我在日文原書當中選擇用「課金」這個詞彙。不論是對收費端的企業，或是對付款端的付費者而言，它都廣為人知。用「課金」一詞，在日文中能讓人聯想到請款端和非請款端，有助於找出以往沒有想像過的全新營收來源。

因此在本書當中，我會用「收費」（課金）的概念，探討營收來源多樣化的方法。

大家的公司是透過什麼商品、服務來收費？或者是將來有機會運用其他的產品、服務來收費？在認識多元營收來源之際，我們要像這樣，用超廣角的魚眼鏡頭，勾勒出恢宏的觀點。

◆ 找出收費點

聽到「收費」，製造業想到的是「在成交當下，向主要顧客收費」。其實企業可以收費的對象，並不只限於「主要顧客」。實務上，很多網站、影音平台和應用程式等的主要顧客，根本沒付半毛錢，付費的另有其人。

至於收費的時機，也不見得一定要「在當下就收足全額對價」。時下流行的定額訂閱制，就不是在顧客成交當下收訖款項，而是希望讓顧客持續使用服務，進而付出更多的費用。

	已知悉（顯性）	尚未知悉（隱性）
圖表 4-2　**收費點包括以下所有項目**		
已收費	收費中的營收來源	—
尚未收費	未收費的營收來源	潛在營收來源

圖表 4-3　**收費點也包括潛在營收來源**

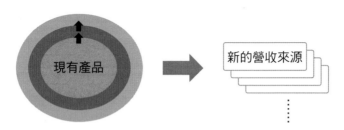

這些收費的思維，正是只憑「銷售產品」唯一一個「收費來源」賺取營收的製造業、銷售業，最需要學會的觀點。因為，藉由導入「收費」的概念，就能找到多種不同的營收來源。

凡是企業能向顧客請求對價的機會，不論目前是否已收費，或企業內部是否知悉，都算是所謂的收費點。它談的不只是企業已在收費的營收來源，還包括企業已經知悉、但尚未收費的項目，以及企業根本一無所悉、潛在的收費機會（圖表 4-2）。

只要從收費點的觀點出發，我們就能找到各式各樣的營收來源（圖表 4-3）。尤其是製造業、銷售業等業界，如果公司一路走來，都在致力耕耘「產品銷售」的價值獲取機制，建議各位先在產品之外，找一找其他營收來源，或者以「現有產品」這個營收來源為主軸，探索是否還有周邊商品、服務等可供收費的環節，應該會比較容易著手。

接下來，就讓我們趕快來找一找收費點究竟在哪裡。

‣02.
利用收費點創造多元營收來源

要在製造業找出新的營收來源，最有效的方法是找出公司可以在什麼環節收費，也就是要找出收費點。

願意付費給企業的角色當中，最具代表性的，莫過於顧客了。因此，各位可先聚焦在主要顧客上，以現有產品為核心，站在「哪裡可以收費」的觀點來思考，並且進一步盤點「公司有哪些營收來源」，比較容易釐清現況。

此觀點能幫助企業滴水不漏地拾起過去沒有考慮過的每一個可能性，把它們當成新營收來源的候補選項。況且這個觀點是以產品為核心，對於製造業、銷售業的公司而言，會是比較簡單易懂的做法。

◆收費點和產品多角化的差異

製造業、銷售業最主要的營收來源，就是產品。業者在產品的成本之上，加計一定程度的利潤，訂出價格後，再向顧客收費。如此一來，企業就能賺進營收，確保獲利。

要找出新的營收來源，就必須探索現有產品以外的營收機會。請各位參考圖表 4-4。

以往，製造業、銷售業增加營收來源的方法，是圖表上方的「產

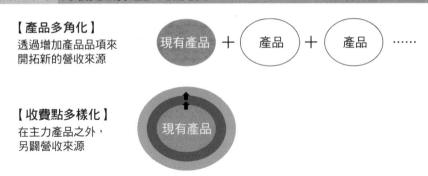

圖表 4-4　**用收費點打造多元營收來源**

【產品多角化】
透過增加產品品項來
開拓新的營收來源

現有產品　＋　產品　＋　產品　……

【收費點多樣化】
在主力產品之外，
另闢營收來源

現有產品

品多角化」。當內部下達「增加營收來源」的指令時，大多數情況下，這些企業所做的，都是增加第一線生產或銷售的產品種類。這種做法，當然也可以說是「營收來源增加」。

只不過，它是把「產品」的營收來源複製成好幾個，但公司獲利只來自「產品」一種營收來源的事實，並沒有改變。因此，「產品多角化」的做法，其實算不上是「營收來源多樣化」。

當製造業、銷售業的營收來源只局限在「主力產品」時，「產品多角化」做得再多，都無法大幅推升公司的獲利率。再者，企業想藉由推出新產品來搏取熱賣機會，並不是價值獲取，而是推動價值創造的方法。就屬性而言，企業應該把它放在價值創造的架構下，默默地持續挑戰。

要在價值獲取的架構下，運用「收費點」觀點，其實有一個目的──那就是企業要知道自己有哪些潛在營收來源，並調整賺取利潤的方法，進而改變獲利結構。也就是要推動有別於既往的價值獲取，發動一場獲利創新。所以，企業更需要知道不同於當前主力的潛在營收來源。

圖表 4-4 下半部想表達的就是這件事。企業要思考的，不是產品的多角化，而是潛在營收來源的多樣化。找一找除了產品以外，還有什麼能用來向這群願意付費給製造業的顧客，也就是製造業最具代表性的付費者收費。這才是真正的收費點。

收費點這個著眼點，能幫助向來對產品營收來源依賴甚深的製造業、銷售業跳脫既往，從更宏觀的角度看待營收來源。

◆拾起一個個收費點

那麼，當製造業或銷售業者在以現有產品為主軸，發想收費點時，究竟有什麼具體方法呢？圖表 4-5[1] 呈現了這個概念。

當企業在銷售現有產品之際，若從此觀點出發，就會比較容易著手思考還有什麼與之相關，或者想出還有什麼能支援的產品。

圓形的中央部分是公司的「主要商品」，環繞四周、位於同心圓狀的是「互補產品」，以及更外圍的是「互補服務」。只要看看這張圖表，企業現階段究竟還有哪些收費點，便會一一現形。

在環型區域當中的文字，就是每個分類當中最具代表性的收費點。我希望各位能把每個收費點，都當成是潛在的營收來源來思考。而我只是約略想一想，就出現這麼多能與主要產品互補的收費點。

1　它和原本由希奧多・李維特（Theodore Levitt）在 1969 年提出，後來因傑佛瑞・墨爾（Geoffrey A. Moore）的《跨越鴻溝》（*Crossing the Chasm*）而打響名號的「完整產品模式」（whole product）相似。在原本的「完整產品模式」概念中，它是用來提升服務品質的行銷架構；而在本書則是從收費點的觀點出發，把它當成用來了解營收來源的架構。

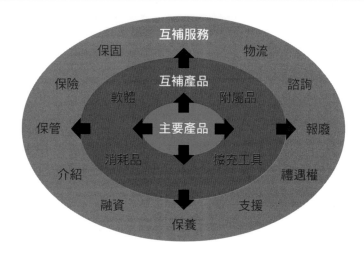

例如，與主要產品互補的附屬品、擴充工具和軟體等「互補產品」，有時顧客會在購買主要產品時一併購買，有時則是等到日後才消費。這些產品有些是為了防範主要產品的功能表現下滑，有些是要讓它的性能更卓越，有些則是為了提升主要產品的價值，而發揮互補的功能。

在互補產品外圍的圈當中，則有物流、支援、購買時的保固、保險投保等「互補服務」，從服務面支持主要產品的表現。

這裡我介紹的，只是眾多案例當中之一。重點在於各家製造業者在分析自家公司時，要懂得去找出那些和主要產品相關的收費點。或許有些收費點是公司已經知道的，也有些以往被大家所忽略、但絕對可以拿出來銷售的項目。期盼各位能先盤點現況，再找出收費點。

接下來，想請各位看看我在圖表 4-5 當中加入獲利率的相對趨勢後，整理而成的圖表 4-6。

	主要產品	互補產品	互補服務
收費點（項目）	產品	附屬品、擴充工具、消耗品、軟體	物流、諮詢、報廢、禮遇權、支持、保養、融資、介紹、保管、保險、保固
種類	1	4	11
相對獲利率傾向	低	中	高

　　從主要產品、互補產品，再外擴到互補服務，我們可以從中看到公司已經採用的付費點，以及接下來還能嘗試的付費點，所以新付費點的數量會因而大增。不過，這些收費點都還只是潛在營收來源，後續是否能實際在這些付費點上收費，還需要進一步評估。

　　在進行評估時，向付費者請款的金額，以及供應該項產品或服務時的獲利率多寡，將成為企業判斷可行與否的材料。例如，沒有經營品牌的一般硬體等產品，就很難設定較高的價格。不過，想把價格壓低在親民的水準，獲利率勢必會因而降低。

　　這種時候，我們就要提高互補產品的獲利率。附屬品、消耗品等互補產品能讓主要產品運作更順暢，或加強它的功能、設計，因此較有機會訂定大幅高於成本的價格。一般看來，互補產品的獲利率相對會比主要產品來得高。

　　至於保險和保養等補充服務，對主要產品的使用者而言，的確有其必要，但很多服務是製造商本身沒有經營的，故須與其他企業合作，而製造商則是收取手續費。儘管進帳的金額相對較少，但過程中不需製造商勞神費心，因為此類收入幾乎都是毛利，獲利率呈現偏高傾向。

像這樣把收費點的趨勢列出來，就能找齊價值獲取所需要的素材。希望各位可以從圖表 4-5 的收費點當中，找出實際要當成營收來源的項目，再想一想該如何與主要產品搭配。

◆ 盤點收費點——特斯拉的案例

前面介紹過收費點後，接著我們實際運用這些概念，來看看第 2 章探討過的電動車製造商特斯拉，在實務上如何操作收費點。

特斯拉的產品是電動車。而其中上市最久的，是高級房車 Model S。這裡我試著將 Model S 放在圖表 4-7 中央「主要產品」的位置，請各位在閱讀以下內容時，一邊對照。

Model S 的「互補產品」主要是正常使用汽車時，需要的「各種消耗品」，例如雨刷片、來令片等；而附屬品則有充電時用到的「CHAdeMO 轉接器」等，這也是正常用車時會需要的品項。至於「豪華座椅」、「大型輪圈」、「增強音效」系統等選配的擴充工具，也屬於「互補產品」。此外，特斯拉的車會透過即時線上韌體更新（Over The Air，OTA）來自動升級，因此加購「作業系統升級」和「自動駕駛軟體」，也算是一種互補產品，而這些都是特斯拉的收費點。

在「互補服務」上則包含：來自特斯拉合作代理廠商的「介紹」手續費、在特斯拉製充電系統的超級充電站「充電」、在度假村或高級飯店的停車「禮遇」、在充電車道的「禮遇」、八年的「電池保固」、售車時的「購回保證」、購車時的「車貸」，還有「運送至指定地點交車」等。

特斯拉在 Model S 之外，其實還有休旅車型的「Model X」、小型房

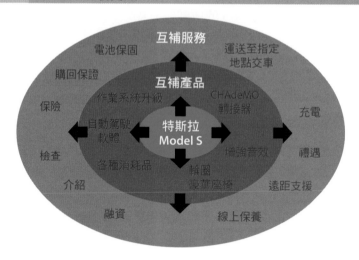

車「Model 3」、小型休旅車「Model Y」，以及跑車「Roadster」等車款加入產品線。它們是特斯拉在 Model S 之外的主要營收來源，卻也是因產品多角化而衍生出來的產品線，這並非圍繞主要產品的收費點。

　　前面介紹了特斯拉的互補產品與服務，它們都是收費點，將來也會成為特斯拉的營收來源。

　　那麼，特斯拉究竟把幾個收費點轉換成了實際的營收來源呢？

　　請各位參閱圖表 4-8。在特斯拉的收費點當中，也可以區分為「已知悉、但未收費」的營收來源，還有「已成為營收來源」的收費點。圖表中畫底線的是特斯拉目前正以此收費，或以往曾收費的營收來源。

　　這裡我想請各位特別留意的是「互補服務」欄位。特斯拉明知目前提供的服務是收費點，但當中有些項目並沒有成為營收來源。其實企業不見得會把每個收費點都當成營收來源使用，而是考量顧客要支付的總金額多寡，將營收來源做整體的規畫。

	主要產品	互補產品	互補服務
收費點（項目）	<u>特斯拉 Model S</u>	輪圈、豪華座椅、增強音效、CHAdeMO 轉接器、各種消耗品、<u>自動駕駛軟體</u>、作業系統升級	運送至指定地點交車、<u>充電</u>、禮遇、<u>遠距支援</u>、<u>線上保養</u>、<u>融資</u>、介紹、<u>檢查</u>、保險、購回保證、電池保固
種類	1	7	11
選用的營收來源	1	5	6
相對獲利率傾向	低	中	高

註：劃底線者為實際的營收來源。

　　就售價而言，Model S 既然是主要產品，貢獻的金額當然也最多。不過，就獲利率來看，則是互補產品、互補服務更勝一籌，對於推升整體獲利率貢獻良多。

　　找尋營收來源時的關鍵，在於要懂得從收費點的觀點出發，滴水不漏地拾起每一個可能，不論它是否已收費。所謂的「每一個」，就是包括目前尚未收費的項目。希望各位澈底明白這些收費點將來都有可能收費。

　　特斯拉有些原先沒收費的收費點，會視時機和情況轉為收費，打造成公司的營收來源。例如，以往不收費的充電服務，如今已成為特斯拉的營收來源。

　　正因如此，確實掌握現況，了解自家公司目前有哪些收費點，便顯得格外重要。

◆ 找出更多收費點

前面我們思考的，是「能否再增加一些和公司主要產品相關的收費點」。製造業和銷售業者總是對產品念茲在茲，因此把主軸放在產品上，不過去思考能否讓營收來源多樣化，比較能想像導入這些營收來源時的狀況，更能針對各種營收來源積極進行討論。

對於在生產、銷售第一線的基層而言，因為能從現有產品出發思考，對於鼓勵員工重新審視以往沒執行過的項目，進而嘗試從中挖掘收費點等，應該是蠻有效的做法。

不過，這個方法遲早會走到盡頭。儘管企業再怎麼努力想從產品周邊找出收費點，但能找到的恐怕都是早已嘗試過的項目。尤其是那些以往做過許多努力的企業，更會陷入「很難發現全新收費點」的兩難困境。

因此，想更廣泛地找尋收費點，就要借重「延伸概念」，即收費對象和收費時機的力量。請各位參閱圖表 4-9。

第一個延伸概念，是「收費對象」（圖左）的觀點。所謂的「收費對象」，不只包括現有的付費者，還包括未來有可能付費的潛在付費者。換言之，我們要思考的，就是除了現有付費者之外，還能再向哪些對象收費。

在這個觀點當中，我們要問的是「到底誰是付費者」。說到付費者，在很多企業裡代表的是經市場區隔後，明確訂定為目標客群的「主要顧客」。其實除此之外，收費對象往往還潛藏在其他地方。對企業而言，找出新的收費對象，就等於是挖掘出以往沒考慮過的收費點。

而第二個延伸概念則是「收費時機」（圖右）的觀點。企業該在什麼時機向付費者請款，是探討「收費」時的重點。有時可在成交當下

圖表 4-9　讓收費點多樣化的延伸概念

收費對象　👤　×　收費點　×　🕐　收費時機

請款，有時則是經過時間的醞釀，成交後才逐步收費。

　　製造業、銷售業的公司，多半下意識地認為成交時就該收費，所以不太考慮收費時機。不過，只要放眼看看其他很懂得善用訂閱制的業界，應該會發現很多企業並不是在簽約當下收訖費用，而是日後才收費。若隨時間日積月累，那麼最後加總起來的利潤，就會是一筆可觀的金額，有時甚至還能推動企業價值呈現突飛猛進的成長。

　　對企業而言，妥善運用收費時機的延伸概念，有助於發掘一些以往不曾體驗過的收費點。接下來，就讓我們依序來看看這兩個概念。

▶03.
用收費對象觀點，讓收費點更多元

　　「收費對象」是從收費點延伸而來的觀點之一。

　　若想更廣泛地找尋收費點，那麼跳脫「如何讓現有顧客願意付更多錢」的念頭，會是很有效的方法。希望各位不妨試著站在調整收費對象的觀點，也就是改變付費者的觀點來思考（圖表 4-10）。

圖表 4-10　用收費對象的觀點找出收費點

收費對象　×　收費點　×　收費時機

◆收費對象的觀點

　　收費對象指的是支付企業請款的付費者。他們不僅是目前的付費顧客，連有可能付費的潛在對象，也都屬於收費對象的範疇。而我將付費者稱為收費對象，是因為這些收費對象並不限於顧客，還包括了各種相關企業、人物。他們有些目前尚未付費，但只要企業把這些「未來或許會付費」的人當成收費對象，收費點自然就會遍地開花。

　　前面談過的收費點，是探尋還有沒有向主要顧客收費的機會。製造業的主要顧客，指的是那些有意購買企業產品，且願意依廠商請求支付對價，能為企業帶來利潤的人。到目前為止，製造業的廠商應該都持續在培養主要顧客，並一直將公司打造成備受主要顧客所青睞。

　　因此，企業在找尋收費點時，總會以這些主要顧客為基礎。然而，我希望各位能夠牢記：現在主要顧客只不過是收費對象之一，企業還有其他收費對象。只要能找到新的收費對象，就等於又找到了一個收費點。

　　至於找尋新收費對象的方法，主要有兩種：

　　其一是將非主要顧客打造成收費對象。而且，這些非主要顧客的客群，貢獻的金額還可望比主要顧客更多。

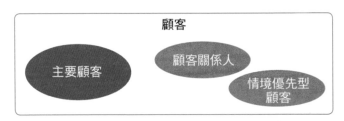

第二種是將顧客以外的利害關係人（stakeholder）納入評估範圍，把他們當成收費對象。「只有顧客才能為企業帶來營收」的思維，在經營傳統產業的製造業、銷售業是常識，但除了顧客以外，其實還有好幾個收費對象。

關於這一點，接下來我會再更深入探討。

◆ 找出主要顧客外圍的其他收費對象

企業找尋收費對象的重點是思考平常被當成行銷分析對象的「顧客」之外，是否還有其他收費機會。

一般而言，企業認定的「顧客」，是指目前願意付費的對象。可是，「顧客」其實還有其他類型。這裡我用圖表 4-11 來呈現。「顧客」可分為「主要顧客」最具代表性的收費對象，以及不屬於主要顧客的「顧客關係人」。

所謂的主要顧客，就是企業針對主要產品明確設定的目標客群。然而，除了主要顧客之外，其實還有對象願意當顧客付費給業者，甚至有些對象的出手，比主要顧客更闊綽。為了找出新的收費對象，我

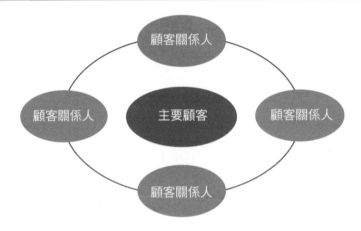

希望各位能先著眼於這個族群。

　　不屬於主要顧客族群的收費對象，指的是顧客關係人、情境優先型顧客等。這些收費對象支付給企業的費用，比主要顧客還多，有時還會成為企業在獲利上的重要支柱。接下來，我逐項為各位說明。

顧客關係人

　　所謂的顧客關係人，是指出現在主要顧客周遭，並與主要顧客採取相同行動、相同消費的人或企業組織（圖表 4-12）。如果說一般消費者是 B2C 企業的主要顧客，那麼顧客的親朋好友、同事、伴侶等生活上的夥伴，就是顧客關係人。他們為企業帶來的營收，有時比主要顧客還多。實際上，在 B2C 的服務業當中，「向顧客關係人收費」這種次要目標式的價值獲取，案例相當多（請參閱第 3 章的圖表 3-1）。

　　最簡單易懂的例子，就是兒童電影。儘管兒童電影的主要顧客是孩子，但這項產品在設計上，其實都是配合暑假上檔，以便讓大人陪

孩子買票進場。主要顧客小朋友去看電影時，多半會有大人作陪，也就是會有顧客關係人同行。而這些大人正是新的收費對象，且收費金額還是主要顧客的兩倍，顯然對毛利貢獻厥功甚偉。不論是對製作「電影」產品的推手（製作公司），或是對上架產品的通路（戲院）而言，都是很重要的收費對象（請參閱第 3 章第 ⑨ 項）。

有些把看電影視為家庭活動的家長，還會在販賣部買爆米花和周邊商品給孩子。由此可知，顧客關係人的確是業者眼中的收費對象，還創造了相當可觀的利潤。其他像是遊樂園等，運用的收費結構也和兒童電影一模一樣。

如同上述，各位只要在主要顧客之外，找出顧客關係人，就能創造更多拓展收費點的機會。

其實 B2C 的製造業、銷售業，長年來都為女性顧客及男性顧客兩種收費對象，設定了不同的角色功能。特別是，珠寶首飾業界以女性為主要顧客，以男性為顧客關係人的設定，尤其明顯。例如，在愛馬仕或路易威登，大多以女性為主要顧客。

然而實際上，支付較多金額的，往往是以顧客關係人身分陪同前來的男顧客。在結婚用品、禮品等方面，其實身為顧客關係人的男顧客才是業者的收費對象。此外，陪同的男顧客還會在女顧客的慫恿下，購買成對商品等，讓業者額外收取到更多費用。

看了這些案例，我們可以從顧客關係人的概念中，明白顧客關係人的存在，不只是增加了收費對象，還有他們可能比主要顧客支付更高的金額。

由上可知：在價值創造當中，是以主要顧客為主角；但在價值獲取當中，顧客關係人也有可能成為主角。我用圖表 4-13 呈現了這個論述。圖中所使用的「高收費」和「低收費」兩個詞彙，只是單純用來

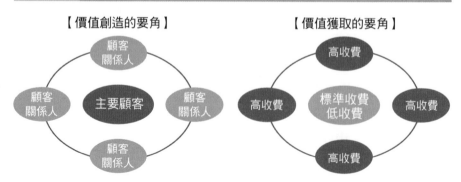

圖表 4-13 **顧客關係人也可能成為付費要角**

【價值創造的要角】

- 顧客關係人
- 顧客關係人
- 主要顧客
- 顧客關係人
- 顧客關係人

【價值獲取的要角】

- 高收費
- 高收費
- 標準收費 低收費
- 高收費
- 高收費

註:以灰色標示者,代表他們並非要角。

表示付費金額的多寡,也代表顧客關係人的付費金額,比主要顧客來得更多。

比較呈現主要顧客和顧客關係人的左、右兩張圖,會發現主要顧客所付的費用,是金額偏低的低收費。這裡的主要顧客,指的是電影、主題樂園裡的小朋友和珠寶首飾店裡的女顧客。而圍繞在主要顧客周邊的顧客關係人,雖然不是主要顧客,但出手更闊綽。就這個角度而言,他們才是付費對象當中的主力。

這個論述,與行銷理論當中認為「主要顧客付較多費用」的常識不符,因此或許有些讀者會覺得不太對勁。不過,在商業交易的實務上,這是很常見的現象。當主要顧客的分析已達飽和之際,不妨把焦點轉向顧客關係人,就有機會找到新的收費點。

情境優先型顧客

圍繞在主要顧客周邊的顧客關係人,是「收費對象」當中的一大要角。他們很重視「與主要顧客擁有共同經驗、共度時光」的目的能

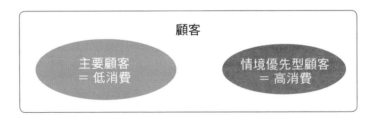

圖表 4-14 情境優先型顧客

顧客

主要顧客
＝ 低消費

情境優先型顧客
＝ 高消費

否達成，所以甘心掏錢付費。

　　其實還有一種收費對象也抱持同樣的目的，他們就是情境優先型顧客。

　　所謂的情境優先型顧客，就是以自己所處的情境為最優先考量，並且願意支付額外費用的顧客。舉例來說，人往往會因為在特定日期想度過一段特別的時光，而願意支付額外費用。主題樂園的優先搭乘就是這樣的案例。搭乘遊樂設施時，有些顧客會因為想省時，或因為不想承受等候壓力，而願意支付額外費用（圖表 4-14）。

　　大阪的環球影城就將快速通關券設為收費點，並實際提供付費服務；至於東京的迪士尼度假區，雖然也推出了同樣的通關券，卻是免費提供（2021 年當時情況）。

　　大阪環球影城向來有許多中國觀光客造訪。他們為節省寶貴時間，很樂於使用快速通關券，在一天之內玩遍所有遊樂設施。因此，在大阪環球影城裡，這些入境旅遊的觀光客就是情境優先型顧客。而園方為這些收費對象所準備的收費點，強化了園方的獲利結構。

　　為了向情境優先型顧客收取更多費用，大阪環球影城於 2019 年起，導入了動態定價機制。這是依入場人數增減，調整日期、時段門票票價的做法。有了它之後，就能調高週六、日的票價，或是在入園

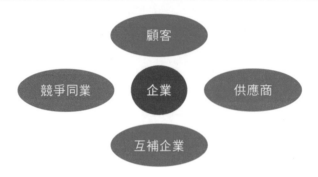

人數較少的時段降低票價。情境優先型顧客特別重視時間、情境，故願意負擔高收費。

　　願意在線上購物網站上多付額外費用，選擇快速配送服務者，也是屬於情境優先型顧客。每個人都可能因為希望商品在指定日期送達，而加付額外費用。尤其是在有急需或想饋贈親友時，更是如此。在這種狀況下，情境優先型顧客就會比較願意負擔高收費。

◆除了顧客之外的收費對象

　　前面我描述了審視主要顧客周邊的收費對象觀點。接下來，我要再從俯瞰的角度，看看除了前面探討過的顧客之外，還有哪些收費對象存在。

　　請各位參閱圖表 4-15。圖上是以企業為中心，此外還有顧客、供

應商、互補企業、競爭同業等參與者。[2] 這其實是在管理學上常見的一張圖表，用來呈現企業究竟有哪些利害關係人。而這裡要請各位留意的，是出現在圖中的利害關係人（參與者），都可能成為潛在收費對象。秉持這個觀點，我們找尋收費點的視野就會變得更開闊。

我們該把這些利害關係人，當成什麼收費對象來看待？又有什麼樣的收費點能因而浮上檯面？接下來，讓我們依序看下去。

供應商

為供應商品給終端消費者，B2C 企業會向供應商（supplier）採購產品或零件，並交付貨款。「難道企業沒有任何一點辦法，可以向供應商收費嗎？」從這個觀點切入思考，就會比較容易想像。

例如，在零售業，有通路業者就把門市的一角，出租給有往來的製造商，並收取費用。想必很多人都看過大型體育用品店裡，有銷售耐吉（NIKE）、愛迪達（Adidas）產品的專區。這些就是零售通路把供應商打造收費對象後，創造出來的收費點。對於耐吉和愛迪達而言，這一筆費用是為了發展自家品牌的開銷，在定位上算是打廣告。

零售通路與製造商之間的基本關係，是因為「零售通路向製造商採購商品」而成立。零售通路既然負責串聯顧客與供應商，那麼只要想想這樣的關係，還能不能發展到實體平台上，自然就可以新增來自供應商的收費點。

2　本圖參考了原本用來呈現「交易關係人都可能成為夥伴」的「價值網」（Value Net）分析模式（Nalebuff and Brandenburger）（1997）。

STORY

　　成立於紐約，在全球掀起話題討論的 STORY，就是很好的例子。STORY 是一家選品店，它的概念是希望「以雜誌的觀點，如藝廊般力求變化，同門市般銷售」。

　　STORY 固然是一家銷售商品給顧客的零售通路，但它主要的營收來源不是銷售，而是以寄賣手續費名義，向在 STORY 上架的廠商收費。STORY 在門市陳列的商品都算是廠商的庫存，所以 STORY 不必承擔庫存風險，賣掉多少就收多少手續費。

　　有趣的事還在後面。STORY 的獲利支柱，當然不是微薄的寄賣手續費。它主要的營收來源，是供應商所付的廣告費和顧問諮詢費。STORY 的創辦人薛琦蔓（Rachel Shechtman），是一位精通品牌經營的專家。她在店內幫廠商商品經營品牌，布置充滿時尚風格的陳列、策展（curation）。而且，幾個月就更換一次主題，店內商品和陳列也配合主題全面調整。

　　依不同主題介紹各廠商產品的陳列手法一炮而紅。只要輕鬆走進店裡逛逛，就會不知不覺被吸引，然後不小心結帳買回家。簡直就像翻著雜誌時，一邊情不自禁地買下商品般。STORY 就挾著這份犀利的提案能力，發展門市經營。

　　而且，STORY 的這些操作，並不只仰賴店經理的直覺或經驗。STORY 在門市裡安裝了多部攝影機，掌握顧客的動向，並將這些紀錄都化為數據資料，再加以分析，反映在日後的提案內容上。

　　只要備妥這些行銷的科學根據，廠商也能從中獲得使用者對產品認知、興趣方面的知識。所以，即使產品在店頭的銷路不好，供應商也會找 STORY 商討廣告策略和產品，於是 STORY 就多了收取廣告費、顧問諮詢費的收費點，可從中賺取營收，還享有極高的獲利率。

把供應商當作收費對象的 STORY，價值獲取廣受各界矚目。[3] 甚至還有一說認為，就單位賣場面積來看，STORY 的營收，是紐約老牌百貨公司——梅西百貨（Macy's）的 12 倍。

不過就在 2018 年，正當 STORY 的名氣與實力羽翼漸豐之際，竟被梅西百貨收購。[4] 今後，梅西百貨能否善用 STORY 的專業與感受力，以自己和供應商之間的收費關係為基礎，在梅西百貨推動一番重改革？各界都在拭目以待。[5]

b8ta

把供應商當作收費對象，並以廣告和顧問諮詢費當成主要營收來源的做法，其實還有不同的版本。

b8ta 提供實體展售空間給科技新創公司推出的產品，但不收銷售手續費，只靠供應商貢獻的營收支撐營運——也就是說，b8ta 做的，是把他們對產品的見解回饋給供應商，是一家「像零售通路的市場調查公司」。

b8ta 自 2015 年在洛杉磯出現後，就一直備受各界注目。它同樣也接受了梅西百貨挹助的資金，並在全球拓展版圖。目前他們也已進軍日本，與正在為零售業改革探索出路的丸井集團合作。

3　此為根據史蒂芬・迪歐李歐（Stephens）（2017）的描述，以及 2019 年 6 月作者親赴 STORY 訪問及實地考察所得出的結論。

4　梅西百貨延攬薛琦蔓擔任品牌體驗長（brand experience officer），後來 STORY 也以店中店（SIS）的形式進駐梅西百貨，可惜 2020 年 10 月薛琦蔓已自梅西百貨去職。

5　STORY 被梅西百貨收購之後，發展並不順利。原因出在原本重視價值獲取的 STORY，如今卻逐漸被梅西這種重視價值創造的傳統百貨形態影響。這正反應出價值獲取與價值創造之間的不相容。STORY 後續究竟會如何發展，值得關注。

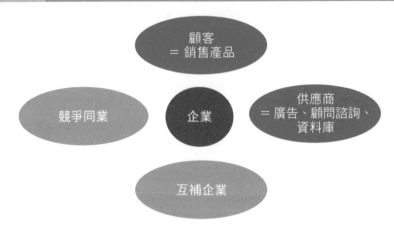

紀伊國屋書店 PubLine

透過供應商拓展收費點的做法，還有其他不同的操作方式。

紀伊國屋書店屬於 B2C 的書籍銷售業。他們把出版社此採購來源視為收費對象後，因而掌握了極具特色的營收來源。紀伊國屋書店將 B2C 交易的資料庫「PubLine」，開放給 B2B 的客戶瀏覽，並將這項服務發展成營收來源。

PubLine 資料庫即時呈現了紀伊國屋書店現有門市的營收、採購和庫存數字。這一套自 1995 年啟動的機制，在出版業界已是業界標準。而此資料庫，如今在紀伊國屋書店更已成為不容小覷的營收來源。

綜上所述，企業若能將供應商化為收費對象，收費點就會一舉大增，還能大幅調整價值獲取（圖表 4-16）。

這裡我所介紹的內容，多半是以銷售業為主。不過，製造業只要懂得從自家企業的角度之外出發，再加入供應商的觀點，同樣能從中找出新的收費點。

互補企業

接著，讓我們再來看看互補企業。

所謂的互補企業，是指能提供互補專業商品或服務的企業，也就是能襯托自家產品的企業。例如，對於生產硬體的企業來說，其互補企業就是軟體公司。各位不妨想一想任天堂、索尼集團子公司「索尼互動娛樂」（Sony Interactive Entertainment，SIE）等生產遊戲主機的公司，和軟體公司之間的關係，就會比較明白這個概念。

任天堂和 SIE 都有「授權」這個收費點。當遊戲軟體開發業者打造出一款新遊戲時，不論銷量好壞或下載次數多寡，硬體製造商都能賺得一定程度的營收。對硬體製造商而言，軟體開發業者就是他們的收費對象。

網飛

近來，這股風潮也吹進了家電製造業。生產電視機的家電製造商，互補企業竟然是影音串流平台公司網飛。目前日本的電視遙控器上，多半都設有切換到網飛的按鈕。然而對廠商而言，這個按鈕其實是收費點。

對電視製造商而言，產品本身的成本撙節其實早已來到極限。網飛在 2015 年正式進軍日本市場時，曾就遙控器的按鈕配置，向日本家電廠商提過建議。結果，後來絕大多數的日本國產電視機遙控器，上面都設置了網飛的按鈕。

根據我向家電製造商所做的調查，得知電視遙控器每一支的平均生產成本約為 2 美元，而網飛則負擔其中的 0.8 美元，也就是生產成本的 40％。不過，條件是廠商必須讓網飛的按鈕，獨家出現在遙控器上的好位置。

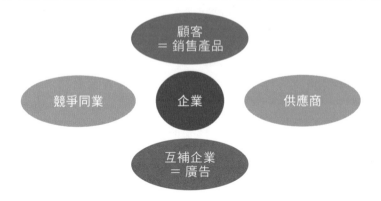

圖表 4-17　把互補企業化為收費對象

顧客
＝銷售產品

競爭同業

企業

供應商

互補企業
＝廣告

　　對網飛而言，此舉其實是以便宜的代價，成功打響自己在日本市場的知名度。[6]而對家電製造商來說，互補企業的提議，創造了意想不到的收費點，對生產成本的節省貢獻甚鉅。

　　自從網飛採用這個方法之後，亞馬遜 Prime 和 Hulu 等影音平台也紛紛跟進，以互補企業的身分，成為廠商的收費對象，導致有些電視製造商的遙控器上，集滿了這些平台服務商的切換按鈕。[7]

　　這些收費對象帶給廠商的營收貢獻，有時加起來甚至比遙控器的生產成本還多，結算完後竟能挹注獲利。遙控器儼然已成為廣告媒體，更是廠商的收費點，在電視機生產的成本壓抑上功不可沒。

　　網飛這個案例，是由付費對象主動向廠商表達配合意願，而不是由廠商的積極策動下所促成。不過，想必各位看過後，就能明白「互補企業也能成為付費對象」的道理。實際上，現在家電製造商已經把

6　詳情請參閱川上（2017）。

7　其中又以索尼為最，電視遙控器上設有多家影音平台服務的切換按鈕。

這些收入，視為理所當然的營收來源。

後續應該會有愈來愈多廠商將互補企業視為收費對象，並主導收費點設定的案例。如此一來，企業要找出新收費點的機會也會隨之浮現（圖表4-17）。

競爭企業

接著，說明競爭企業。為獲得顧客而短兵相接的競爭企業，有時也是公司的收費對象。

特斯拉

再來看看特斯拉的案例。我們在第2章曾探討過，特斯拉活用生產電動車帶來的溫室氣體排放權，把它打造成營收來源。而這種做法，顯然是把競爭同業當成收費對象後，才體悟到的收費點。

實際上，特斯拉的確將這些溫室氣體的排放權，當作碳權額度賣給了競爭同業——生產飛雅特（Fiat）、克萊斯勒（Chrysler）和愛快羅密

圖表4-18 **把競爭同業化為收費對象**

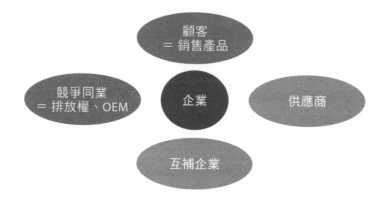

歐（Alfa Romeo）等車款的競爭同業 FCA 汽車集團（現為斯泰蘭蒂斯 [Stellantis]）。[8]

　　愈是在終端消費者市場有競爭關係的對手，應該就愈有些元素，是彼此在商業模式上可以互補的。例如，製造商找另一家製造商代工（OEM），就是最好的例子。在家電、汽車業界，廠商彼此經常互為收費對象，截長補短。看來在這些業界當中，把競爭同業當成收費對象，並不覺得有什麼好奇怪的吧（圖表 4-18）。

　　重點在於企業自己是否有辦法把競爭同業當作收費對象。秉持「對競爭同業經營有益」的觀點，企業才能拓展收費點，進而賺取更多利潤。

◆收費對象帶路，找到收費點

　　我已將前面介紹過的收費對象重新匯整列表，請各位一讀（圖表 4-19）。

　　這裡我列出了較具代表性的收費點。只要各位運用至今介紹過的收費對象概念，應該還能在企業裡找到更多沉睡的收費點。或者是在技術與時俱進之際，因企業和各收費對象間的關係也出現變化，應該就能發現更多收費點。

8　編按：2021 年 1 月 16 日，Fiat Chrysler Automobiles 汽車集團（FCA）與法國汽車製造商 PSA 寶獅雪鐵龍集團（PSA Peugeot Citroën）合併為全球第四大汽車集團，旗下擁有多達 14 個汽車品牌。

圖表 4-19 **收費對象分類與發現的收費點示例**

利害關係人	收費對象	收費點
顧客	顧客關係人	向非顧客收費、額外收費
	情境優先型顧客	使用優惠（禮遇權、額外費用）
非顧客	供應商	廣告、顧問諮詢、介紹、仲介、數據資料使用、智慧財產
	互補企業	廣告費、介紹、權利金
	競爭同業	副產品、數據資料使用

▶ # 04.

用收費時機來拓展視野

前面我們探討過收費點和收費對象，接著，我要帶各位看看收費時機的多樣化，能幫助我們找出什麼收費點（圖表 4-20）。

◆ 購買周邊商品的時機

很多製造業、銷售業的公司，長年來做生意的規矩都是「賣了產品就馬上收費，確定營收進帳」，因此除了「馬上收費」之外，往往想不到其他收費方法。

這種慣例穩定了製造業、銷售業的營收，卻也讓收費方式的操作變得很單一。如果能稍微挪動，也就是些微調整顧客付費的時機，就能讓收費點更多樣化——這就是收費時機的概念。

收費時機上，除了在銷售成交當下立即收費之外，還有時間差收

圖表 4-20　**採用收費時機的觀點，拓展更多收費點**

收費對象　⊗　×　收費點　×　🕐　收費時機

費的做法。採用時間差收費後，企業就可以放眼俯視除了產品之外的其他收費點。

◆ 了解付費者購買產品後的活動

　　釐清購買商品、服務後的付費者與其之後的關係，就能看清收費時機。而圖表 4-21 付費者活動鏈，可助各位一臂之力。

　　付費者活動鏈可將付費者在購入後，如何更新現況，進而向上升級的一連串流程，詳細地加以視覺化。

圖表 4-21　**付費者活動鏈**

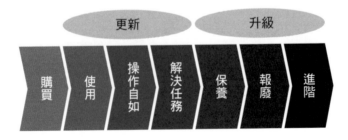

更新　　升級

購買　使用　操作自如　解決任務　保養　報廢　進階

付費者其實並非因想要產品而買。成交（簽約）之後，真正的使用者旅程（journey）才開始啟程。[9]

先是使用產品，再運用到操作自如，接著再進一步解決使用者的「任務」（Job）[10]——於是，使用者的生活便完成了「更新」，但他們的活動並不會就此結束。

任務不會只解決一次就結束。因為，當一項任務出現並獲得解決後，使用者的生活中又會出現新任務，或者為了更惬意地使用產品，而出現其他任務。使用者在對產品操作自如的過程中，仍須不斷解決任務。

一再持續地解決任務，接著對於「升級」的需求就會提升。換言之，他們會開始需要保養產品，例如添購消耗品、選配商品，或維修儀器設備等。

就這樣，產品總有一天會功成身退。有時是使用者認為產品磨損或耗損，無法再繼續使用；有時則是使用者想要一個最適合用來解決任務的產品。這時使用者會從原有的產品畢業，也就是產品報廢。

經過這個階段，使用者就會進化到更優質的生活或更卓越的表現。從「保養」到「進階」，這一連串的活動，都是為了讓使用者的生活進化到下一個層次，故統稱為「升級」。

9　乍看之下，在這樣的圖表當中，或許不容易看出它和顧客旅程（customer journey）、服務藍圖（service blueprint）有何不同。活動鏈關注的重點，更明確地聚焦在使用者購買商品或服務後的活動上。詳情請參閱川上（2019）的論述。

10　正式說法是「Jobs to be done」，譯為「該處理的任務」。這個概念經過克雷頓‧克里斯汀生（Clayton Christensen）等人，於 2002 年推出的《創新者的解答：掌握破壞性創新的 9 大關鍵決策》（*The Innovator's Solution*）中介紹後，一舉打響了名號。

這些都是站在使用者立場所看到的各式活動；同時這對企業而言，也能成為他們看準銷售產品之後的收費時機，探索有無潛在收費點的觀點。

說得極端一點，以往製造業、銷售業的公司，根本就只看得到顧客的購買時機。然而，在加入收費時機的觀點之後，我們就能很清楚地發現，使用者在購入後還會進行這麼多不同的活動。而且，在這些活動的背後，就隱藏著許多收費點。

◆挪動收費時機，新收費點就會浮上檯面

圖表 4-22 簡要呈現了使用者在購買產品後，自「使用」階段起的各個收費點。對於過去總在成交時，就已經完成大多數收費的製造業、銷售業者而言，觀察那些在「使用」階段以後才出現的收費點，尤其重要。

圖表4-22 **收費時機的多樣化，帶動收費點的多樣化發展**

顧客活動	使用	操作自如	解決任務	保養	報廢	進階
收費點	外加產品					
	應用程式					
	社群					
	協助與承辦窗口			諮詢		
	消耗品 定額服務 計量服務 預收服務	擴充工具		現場服務 維護合約 單次保養	報廢回收	擴充服務 轉換到其他產品

註：此處僅列出完成購買交易後，自「使用」起的各項活動。

一直以來，製造業和銷售業者都著眼於產品銷售，所以將顧客的購買時機歸為重大的收費點。不過，看過這張圖表之後，就會發覺在完成購買、「開始使用」後，還會有好幾次的收費時機來臨。

將使用者的活動區分成幾個時間軸，也就是從購買後到「使用」，再經過「操作自如」、「保養」等階段，最後「報廢」，並重新添購產品，達到「進階」為止，逐一仔細探討，就能找到許多收費點。

況且在顧客的每一項活動之中，都會有複數的收費點。光是透過收費點濾鏡來觀察顧客活動，就能看見一片充滿各種新消費點的遼闊天地。

以消耗品、選配商品為首的「外加產品」，以及附加於產品使用的「應用程式」，都和從「使用」到「進階」為止的所有接觸點息息相關。在數位時代裡，它們都是企業和顧客拉近距離的必要工具，更有機會成為收費點。

「社群」也是和所有接觸點都有關的項目。所謂的社群，就是讓顧客彼此交流的場域。儘管企業並不直接介入，但會間接從旁協助。對於那些想解決任務的顧客，或是為後續進階煩惱傷神的顧客而言，社群是很重要的場域。因此，顧客會希望企業能組成像會員俱樂部的社群。他們想要的，應該是官方認可的會員組織，由企業負責協助經營。換言之，這也是很大的收費點。

接下來，我們就逐項詳細地看看這些顧客活動內容。

在產品的「使用」上，除了剛才談過的外加產品、應用程式和社群之外，收費時機還會隱藏在顧客使用產品時，希望可以搭配某些服務。這種收費時機，有可能以「定額服務」、「計量服務」或「預收服務」的方式來收費。

儘管製造業、銷售業者已在顧客購買產品時獲利，若能於「使用」

之後再度收費，就表示有機會從原本已經收完費用的收費對象身上再次費用，是極具威力的價值獲取機制。

如果使用者會持續且定期付款，那麼對企業而言，當然是再好不過了。包括訂閱在內，在顧客購買後，能持續產出營收的機制，我們稱之為「經常性收入模式」。此模式相關內容，我會在第6章詳述。

緊接在「使用」之後的活動，是「操作自如」階段，其中最具特色的收費點，是「擴充工具」。針對已對產品操作自如的使用者，額外追加販售可更新產品原有功能的工具。

「使用」產品並「操作自如」，因而得以「解決任務」之後，使用者進入的下一個活動階段，是「保養」。此時會出現許多收費點，包括必須前往的現場服務、維護服務合約和單次維修等。

而到這個階段為止的四項活動，都有一個共通點──就是「協助與承辦窗口」扮演了舉足輕重的角色。所謂的「協助」（assistance），一如字面所示，是指協助使用者的支援中心或客服窗口。

使用者從使用產品、操作自如，到解決任務的過程中，有很多事要處理。倘若業者無法盡其所能提供協助，使用者就會對產品感到不滿。要是出了什麼差錯，使用者或許從此就不再使用此產品。因此，就促進使用者持續愛用的意涵而言，協助與承辦窗口存在的意義，更是至關重要。寫個應用程式讓客服自動化，固然也是一種方法，但有時仍難免會出現無法處理、較複雜的問題。

為了因應這樣的情況，企業要備妥專線電話，或投入人力資源。[11] 以往，製造業將這一連串的活動稱為「服務化」；近年來，由於數位科技的發展，業者把服務做得更細膩，並改名為「客戶成功」（Customer Success）。

至於，剩下的「報廢」和「進階」，則是產品在完成某種程度的角色之後，顧客邁向下一個產品的階段。這裡的重點，基本上就是要懂得傾聽顧客的煩惱，引導他們進入下一個階段。

因此，在這裡為顧客進行顧問諮詢，就有可能成為收費點。這些活動通常被視為其他產品的銷售推廣，不過，其實它們也可能具有收費的潛在機會。實際上，在服務業的確有業者把這樣的顧問諮詢視為提供第二意見，並收取費用。

在「報廢」階段，業者協助進行實際報廢作業或回收商品等動作，其實也都是收費點。這裡的關鍵是，以往使用的產品已與使用者的程度不符，為了讓使用者享受更優質的生活或提高生產力，提供讓他們願意揮別過去的產品。進入「進階」階段，企業則要供應擴充服務，甚至是讓顧客轉移到自家的其他高階產品上。而這也會是收費點。

◆ 特斯拉 Model S 的活動鏈與收費點

那麼，如果將前面介紹過的活動鏈實際套用在企業上，又會是什

11　通常業者會階段性的區分這些接觸點，並提供適當服務給顧客。只在線上進行的一對多服務，名為科技接觸（tech touch）；投入真人服務者，稱為高接觸（high touch）；而個別對應顧客需求，但以電子郵件或電話處理者，則為低接觸（low touch）。詳情請參閱川上（2019）。

圖表 4-23　收費時機的多樣化，帶動收費點的多樣化發展

顧客活動	使用	操作自如	解決任務	保養	報廢	進階
收費點	選配商品、消耗品					
	應用程式					
	協助、作業系統更新					
	協助與承辦窗口			諮詢		
	<u>同業充電收費</u> <u>單次充電費</u>	<u>自動駕駛</u> <u>延長行駛里程 *</u> <u>更新</u>		<u>現場服務</u> <u>維護合約</u> <u>單次保養</u>	購回保證	新購車禮遇

註：1. 劃底線者為實際的營收來源。

　　2. ＊以往在 Model S 60kWh 電池車款的營收來源。

麼情況呢？我呈現在圖表 4-23。我以本書中多次登場的特斯拉 Model S 的活動鏈為例，帶各位看看究竟從購買後的「使用」到「進階」之間，隱藏著哪些收費點。

從「使用」到「進階」，特斯拉有幾個共通的收費點，就是選配商品、消耗品，以及要讓車輛運作必備的手機應用程式。這些都是 Model S 車主不可或缺的工具，因此很容易成為收費點。至於從「使用」到「保養」階段，則有專線電話提供的「協助」，和車輛的「作業系統更新」服務等收費點。

再看顧客的每個活動階段會發現各有一些收費點：「使用」時有同業充電收費、單次充電費；「操作自如」階段則有自動駕駛、延長行駛里程等；而「保養」時則有現場服務、維護合約與單次保養等。而且這些收費點，都已實際向使用者收費。

看在向來只仰賴產品銷售這項營收來源的製造業、銷售業眼中，或許會很訝異特斯拉竟然有這麼多收費點。當然這能真正收費，和特斯拉的數位化也很有關係。因為，汽車本身的物聯網、汽車產業的數

位轉型等元素，能發展與顧客的連結，還催生許多收費點。

　　不過，有沒有收費點，和收費點能否實際發展成新的營收來源並順利運作，其實是兩碼子事。例如，現在特斯拉在全自動輔助駕駛技術的功能提升上發展得風生水起（請參閱第 2 章），他們會單純只停留在知道這項技術是收費點，還是會挪動收費時機，將全自動輔助駕駛技術塑造成訂閱服務，正式提供車主使用？兩者的差別可是天差地遠。

　　特斯拉當然是選擇了後者。畢竟他們總在思考什麼能化為營收來源，並一路執行至今。除了全自動輔助駕駛技術之外，還有原本專為特斯拉打造的充電基礎設施──超級充電站（supercharger），如今也已拍板定案將開放給其他廠牌的電動車使用。

　　特斯拉如上述，為了找到新收費點而聚焦於新的收費對象，經常都從價值獲取的觀點，探索任何可能發展成營收來源的機會，不斷地嘗試錯誤。

　　製造業和銷售業也應立刻跳脫只有產品銷售這個營收來源的想法，評估所有可能發展成收費點的機會。

　　而前面介紹的活動鏈，正好可以為各位帶來靈感。因為收費點就藏在顧客購買產品、服務後的一連串活動之中。圖表 4-21 只不過是眾多案例之一，期盼各位能參考活動鏈，配合各階段的顧客活動，找出自家公司的收費點。

▶ 05.
列出自家企業特有的收費點

　　在本章中，我為了盡可能以最寬廣的角度來補捉收費點，不只在

產品周邊尋找收費點，還運用收費對象和收費時機的概念，來拓展觀點。如此一來，我們得以從更開闊的視角，探索收費點隱藏何處。

在此，簡單複習各個觀點。

首先，在一般常被默默認定為營收來源的產品之外，確認周邊是否有什麼收費點。接著，在收費對象上，試著不看經常被心照不宣地認定為付費者的主要顧客，探討、觀察還有哪些收費點。然後，在收費時機方面，將原本總被私下認為是付費時機的「購買時」，調整到「購買之後」，找尋還有什麼收費點。

圖表 4-24 是從延伸概念中找到、具代表性的收費點例子所匯整的清單。

圖表上列出的各個切入點下方有 16、11、17 的數字。這代表從這些觀點中，可找到的收費點數量。我已精挑細選出極具代表性的收費點，但總計仍多達四十四項。期盼各位能以這張收費點的清單為基礎，好好活用。

在此，我想請各位特別留意的是，找尋收費點時最初的切入點。各位其實只要認識這裡的七個收費點就好，至於以灰色標示的九個收費點，則會與我們從收費對象和收費時機向外延伸時，所找到的收費點重疊。

愈是考慮顧客，互補產品和互補服務的項目就會愈多。因此，在找尋收費點的階段，我們會在顧客特質不盡相同的收費對象身上找到收費點，也會在跟催購買產品的顧客時，發現幾個收費時機。這就是收費點重疊的原因所在。

重疊本身沒有問題。畢竟它正是企業思考顧客時才出現的情況，大家應該很樂見。只不過重複時，清單就會比較難運用，所以還是希望整理成一份只列出必要項目的清單。

切入點		分類	收費點
從當前主要產品找到的收費點 16（7）		主要產品 互補產品 互補服務	主要產品、 附屬品、消耗品、擴充工具、軟體、 物流、融資、保管、保險、保固、諮詢、 報廢、禮遇權、協助、保養、介紹
延伸概念	收費對象 11	顧客關係人 情境優先型顧客 供應商 互補企業 競爭同業	向非顧客收費、額外收費、 使用優惠（禮遇權、額外費用）、 廣告、顧問諮詢、介紹、仲介、 智慧財產、權利金、 副產品、數據資料使用
	收費時機 17	購買時 購買後 「使用」 「操作自如」 「解決任務」 「保養」 「報廢」 「進階」	─ 外加產品、 應用程式（軟體）‧承辦窗口（諮詢）、 社群、協助與承辦窗口、 消耗品、定額服務、計量服務、預收服務、 擴充工具、 諮詢、 現場服務、維護合約、單次保養、 報廢、回收、 擴充服務、轉換到其他產品

　　收費點概念並沒有區分付費者和付費時期。它可平面地找出收費位置，但不適合深入分析。想了解不同付費者的收費點，最適合運用收費對象的概念；想知道不同付費時期會帶來什麼樣的收費點，最好祭出收費時機的概念。

▸06.

從營收來源多樣化走向價值獲取

本章說明了該如何找出獲利創新所需的「收費點」。營收來源愈多，推動價值獲取創新時的自由度就愈高。為了掌握更多元的營收來源，我們從這樣的觀點出發，運用「收費」的角度，找出潛在營收來源，也就是所謂的收費點。此外，我們也借助收費對象和收費時機這兩個延伸概念的力量，系統性地找出收費點，讓收費點更五花八門。

如此按部就班，就能找出為數眾多、未來營收來源所在的收費點。在了解前述內容之後，我將圖表 4-1 的整體架構升級，發展出圖表 4-25。

在下一章當中，我們要實際運用這些營收來源進行搭配組合，創造出新的價值獲取機制。

圖表 4-25 **從營收來源多樣化走向新的價值獲取**

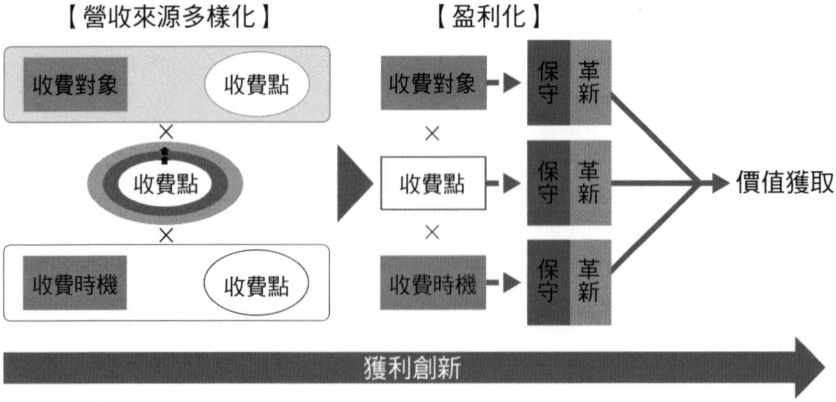

第 5 章

盈利化的邏輯
──轉型為新的價值獲取機制

重點提要

- 能從營收來源創造出價值獲取的「盈利化」為何？
- 能讓價值獲取轉向的「獲利開關」，究竟是什麼？
- 所有獲利法則可整合成八種「獲利邏輯」

關鍵字

▶ 盈利化
▶ 無利之利，以退為進
▶ 功夫扎得深，獲利跟著來
▶ 獲利開關
▶ 獲利邏輯

把營收來源當作收費點，並廣為網羅之後，再用獲利的觀點來搭配、拼湊這些收費點，以打造出價值獲取機制——這就是獲利創新的最終階段。

　　在前一章當中，我們了解了要先找出與主要產品相關的收費點，再借助收費對象、收費時機這兩個延伸概念的力量，找出更多收費點，就能發現新的營收來源。而在本章當中，我們要探討如何用前面介紹過的多元收費點，催生出新的價值獲取機制，也就是談所謂的「盈利化」。

▶ 01.
催生價值獲取機制

　　所謂的獲利創新，就是轉型為有別於現況的新價值獲取機制。而要做到這一點，企業需要先盡可能找出潛在的營收來源。因此，在前一章當中，我為各位說明了「營收來源多樣化」，也用了收費點的概念，希望能讓各位盡可能用最開闊的觀點，找出各種營收來源。而這樣的做法，可以讓我們廣泛地挖掘出五花八門的營收來源，包括企業已知、但尚未收費，以及尚未浮上檯面的營收來源等。

　　接下來，我們就要將這些收費點與獲利連結，塑造成一套全新的價值獲取機制，也就是要進入「盈利化」的階段。

　　觀察圖表 5-1「以往催生價值獲取的方法」，不難看出過去製造業和銷售業的業者，都是以主要產品為營收來源，計算它可能帶來的利潤，並評估盈虧狀況。如果盈虧表現良好，就以此作為自家企業的價值獲取機制。

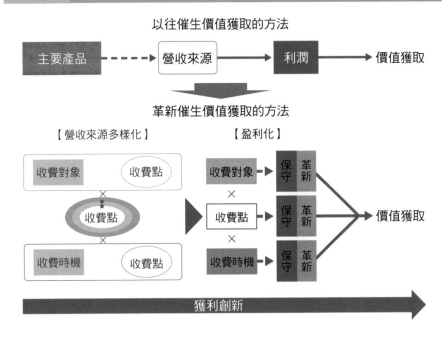

圖表 5-1　催生價值獲取的方法不同

以往催生價值獲取的方法

主要產品 ----> 營收來源 --> 利潤 --> 價值獲取

革新催生價值獲取的方法

【營收來源多樣化】　　　　　　【盈利化】

收費對象　　收費點　　　收費對象 → 保守 革新

收費點　　　　　　　　　收費點 → 保守 革新　　價值獲取

收費時機　　收費點　　　收費時機 → 保守 革新

獲利創新

　　這其實只是把價值創造模式拼湊得很精緻，再依提報的主要產品和成本結構，設法創造利潤的思維罷了，並非積極透過價值獲取來推動創造利潤。雖說這也稱為價值獲取，但實情是只做了損益評估，根本沒有創造利潤。

　　如果只是這樣的話，任憑企業再怎麼推動價值創造的創新，獲利方式都不會出現翻天覆地的轉變。要是商品熱賣，營收規模因而擴大，那麼事業的獲利規模也會隨之放大，成就營收、獲利同步走升的榮景。然而，企業創造利潤的方式卻毫無改變，所以從投入資本報酬

率（ROIC）[1] 或營業淨利率來看，變化都不大。

　　本書所呈現的，並非如何催生至今以來的價值獲取做法，而是孕育出創新的價值獲取機制。前面我已談過改變利益產生的獲利創新重要性。而獲利創新就是要改革企業的獲利方式，打造出和以往截然不同的營業淨利催生模式。

▶ 02.
希望創造超乎常理的利潤，就用價值獲取

　　所謂的盈利化，就是打造一套全新價值獲取的過程，是為了讓製造業、銷售業者用完全不同既往的認知來創造利潤，所必備的思考方式。接下來，就讓我來為各位詳加說明。

◆ 不能只停留在變現

　　以往各位聽到「盈利化」，或許會以為和自己耳熟能詳的「變現」是同一件事，其實兩者截然不同。

　　通常我們會把選定某項營收來源，並實際創造出營收的行為，稱

1　是企業用來觀察對事業投入的資本能產生多少報酬的指標。它不僅用於財務，一般運用也很廣泛。而計算報酬的利潤指標，用的是稅後營業淨利。計算 ROIC 的方法五花八門，最標準的做法，就是用營業利益加上應付利息，再扣掉稅額來計算後，再除以投入資本（有息負債加股東權益）。

為「變現」（monetizing）。

如果各位在製造業，應該多半是在變現創新的脈絡下，使用變現這個詞彙。這代表企業打造出創新的產品，並從中盡可能多創造營收。

而在數位時代裡的變現，往往是指「將以往免費供應的產品或服務改為收費」之意。尤其是為了提高總市值而想盡可能爭取獲利的新創企業，特別喜歡在這個意涵下，運用變現一詞。

換言之，所謂的變現就是從營收來源當中找出某些「營收」的活動。剛創業的企業，變現就是要從零開始創造營收；而現有事業已能貢獻一定營收的企業，變現能帶來新的營收來源。

綜上所述，變現固然是用來評比營收表現的概念，但以此討論價值獲取，似乎力有未逮。

變現一如字面所示，是找出營收來源中的「營收」，也就是增加「營業額」為目的。

這麼一說之後，或許各位認為：只要考慮怎麼變現，就可以討論獲利，但這個觀念並不正確。新創企業的確會運用數位工具，在交易上也以和使用者直接往來居多。這樣的企業，獲利在營收中的占比偏高，變現和獲利可說是息息相關。因此，變現和創造利潤幾乎是被劃上了等號。然而，製造業或銷售業的事業發展，必須仰賴多數的供應商、互補業者的關係，才能成立。有時即使企業賺到營收，卻毫無利潤進帳。

不僅如此，當企業本身缺乏生產或加工的專業時，產品處理起來就更棘手，甚至很多業者會外包給其他公司產製。如此一來，即使獲利了，但生產成本過高，最後反而要認列虧損的情況，也不在少數。

因此，只要是買賣實物，就會產生原料和採購的成本，而這些項目通常都要先支出現金，若從頭到尾都從營收角度來觀察，判斷很可

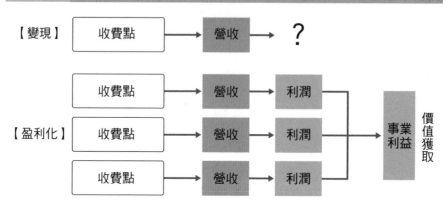

圖表 5-2　製造業、銷售業要追求盈利化，而不是變現

【變現】　收費點　→　營收　→　？

【盈利化】

收費點　→　營收　→　利潤
收費點　→　營收　→　利潤　　事業利益　價值獲取
收費點　→　營收　→　利潤

能失準。

　　如圖表 5-2 所示，製造業者不應著眼於「變現」，而是要貫徹「盈利化」的思維。不是從營收角度來思考收費點，而是要考慮它能否獲利，以及最終如何成就整體營業淨利。若不洞察到此程度，就不算探討過價值獲取。

　　尤其，獲利創新是要改變創造利潤的方法，因此在這個概念當中，「盈利化」顯得格外重要。為了重建企業的價值獲取機制，我們必須從收費點創造營業利益，並有必要透過與以往截然不同的做法執行其過程。

◆用「盈利化」的概念，打破對利潤的成見

　　當企業想爭取更多營業淨利時，想必會從第 4 章（圖表 4-22）列出的收費點當中，直覺地挑選出特別有吸引力的項目，加入自家企業的

收費陣容。甚至還會專挑那些高獲利率的「優秀」收費點，搭配出一套「全明星」組合（圖表 5-3）。

　　然而，只看數字隨機挑選，組合出看來毫無邏輯、沒有脈絡的收費點拼盤，非但不是全明星組合，更有可能淪為烏合之眾，很難說它能實際在一種秩序下，成為創造利潤的價值獲取機制。價值獲取會形成某種秩序，是因為收費點在經過策略性的排列組合後，會形成事業單位，創造營業淨利的緣故。

　　舉例來說，即使消耗品獲利率再高，但若與最關鍵的主要產品聯結不強的話，也只是多列出一個賺不了錢的收費點而已。最重要的，其實是主要產品暢銷，連帶讓消耗品受到市場矚目，進而創造利潤的機制。這正是單純拼湊收費點，和有秩序、機制化的價值獲取之間的差異。

　　就這個角度而言，純粹增加收費點來推升獲利，根本稱不上是獲利創新。在獲利創新的過程中，盈利化所扮演的角色，並不單純找出高獲利率的收費點，加入現有的價值獲取機制而已。而是要從零開始改革價值獲取機制，誕生出能長期創造更多營業淨利的機制。這才是真正的獲利創新。

因此，各位要回溯自家企業的價值獲取機制，深入分析至營收來源層級，再思考如何與其他收費點搭配組合，進而造就出一套新的價值獲取機制。

例如，「產品銷售」的價值獲取機制，源自於主要產品的收費點。因此，我們可以考慮搭配消耗品來操作，規畫出一套能讓企業最終賺取最多營業淨利的機制。

因此，我們可以在主要產品上，維持現行的低獲利率策略，或甚至是賠本銷售，但以具市場競爭力的價格提高銷量，再為搭配用的消耗品設定高獲利率。這樣做，我們才能設計「刮鬍刀模式」的價值獲取，以期最終能為企業賺進營業淨利。

上述這一套設計，和價值獲取續用「產品銷售」，只推出獲利率大同小異的消耗品來貼補利潤的做法，截然不同。

在盈利化過程中，置入利益創新的念頭，尤其對製造業、銷售業而言，是打破過往產品銷售常識高牆的重要階段。

經過這樣的洗禮，企業就能可望打造出一套全新的價值獲取，而不是一味模仿第 3 章介紹過的、三十種經典價值獲取機制。以前面列舉的收費點為基礎，搭配自家公司現有的收費點，就能打造出最適合自家公司的第 31、32 號原創價值獲取機制。

▶ 03.
把製造業逼上窮途末路的價值獲取

不過，第 3 章介紹的三十種價值獲取機制中，有幾項正是讓製造業、銷售業原有優勢地位陷入絕境的「罪魁禍首」，那就是「免費增

值」、「媒合」和「定額訂閱制」。此三種都是在數位時代裡特別受矚目的價值獲取，而在其表面光鮮亮麗的背後，其實隱藏著導入收費點的提示。

在此，我想從收費點的角度切入，闡述價值獲取的三項本質，找出如何發展出有別於以往、全新價值獲取機制的線索。而在這三項本質當中，我希望各位在閱讀時，特別留意收費這個項目。

◆ 無利之利，以退為進（收費點的運用）

我在第 3 章也曾介紹過，免費增值雖然會提供免費產品給眾多使用者使用，但最終還是希望能讓使用者購買付費產品，讓企業賺得營業淨利的價值獲取方式。

這種做法的架構非常單純。必須特別留意的收費點有兩種：一是主要產品的應用程式，另一種則是為了讓應用程式在運用上更有效率且有效，所推出的互補產品，包括升級、道具和擴充工具等。

這些收費點都是企業的營收來源，但在免費增值的價值獲取機制當中，為了讓更多人願意使用產品，企業不會針對應用程式收費，但相對地升級或想要道具就要請使用者掏錢購買。

我用圖 5-4 來呈現上述的關係。

在免費增值模式當中，主體應用程式 A 是免費提供，不需收費；相當於升級的 B、C、D 則會收費，希望企業在最終結算後，仍有營業淨利進帳。換言之，在產品本體上「讓利」，但在結算後的營業淨利方面則有「進帳」。這一套「無利之利，以退為進」的價值獲取，簡直就像是禪門問答似的。

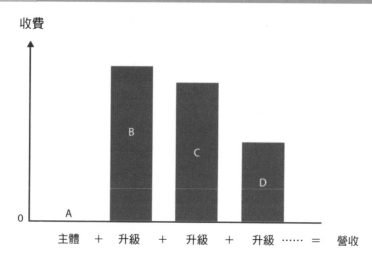

收費

B

C

D

0　　A

主體　＋　升級　＋　升級　＋　升級 …… ＝　營收

　　而希望實現這一套價值獲取，靠的是企業在知道收費點存在的同時，還能明確劃分收費與否的界線。我想請各位注意的是，企業毫不吝惜地將投資與研發的結晶，也就是堪稱公司招牌的主要商品無償開放，即免費供大眾使用。

　　我從收費點的角度出發，將企業這樣的措施整理如圖表 5-5。從圖中可以看出，企業在「主體應用程式」的主要產品上並不收費，而是用包括道具在內的「互補產品」來收費，當成營收來源。免費增值只會向那些把產品用得揮灑自如，覺得有必要再補充的使用者收費，從中賺取利潤。

　　這一套價值獲取機制，目前在手機遊戲業界操作得非常成功，掀起轟動熱潮。玩家在下載應用程式的階段可免費玩，但想在遊戲中推進得更順利的玩家，就會付費購買特殊道具。

　　在日本，GREE、DeNA 和後起的玩和（GungHo），都用此價值獲取

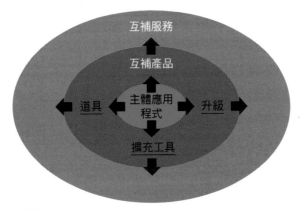

註：以劃底線項目作為營收來源。

機制，提升了公司的地位。影響所及，讓以往先買主機、再買遊戲軟體才能玩的家用和掌上型遊樂器市場，被智慧型手機的免費遊戲攪和得天翻地覆。而且，也導致過去營業利益率總維持在 20％以上的任天堂，連續三年出現營業虧損。[2] 手遊崛起對傳統遊樂器市場造成的衝擊，可見一斑。

　　「免費」的威力就是如此驚人。而這些企業始終記得：導入主要產品時完全不收任何費用，但在使用者持續使用服務的過程中，用預先備妥的收費點，賺進大筆利潤。

2　這是任天堂上市以來首度出現的營業虧損。也受到 Wii U 銷量低迷等因素影響，任天堂因此自 2011 年 4 月至 2012 年 3 月這一年起，到 2014 年 3 月止，連續三年營業利益出現虧損。

◆ 賺強者錢（運用收費對象）

　　媒合也是在數位時代裡，各界關注的經典價值獲取機制之一。它在數位時代的推波助瀾下，版圖日益擴張。由於媒合平台愈來愈普及，許多企業也紛紛開始採用。

　　所謂的媒合，是為各懷不同目的的使用者穿針引線，從中賺取營業淨利的價值獲取機制。雖然它也會運用區分收費點的概念，不過在這個價值獲取機制當中，除了收費點外，稍微改變看待收費對象的觀點，就會有很大的發現。

　　通常在實體市場上，可預期的收費點是買方的參加費（入場費、手續費）和賣方的參加費（上架費、開店費）。即使業者向雙方都收費，也毫不奇怪。在買賣不動產時，仲介從早期就一直在成交時，向買、賣雙方都收取手續費，也就是採取俗稱「兩手」的價值獲取機制。

　　然而，在媒合平台上，有時會在收費點上只跟一方使用者收費，

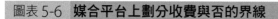
圖表 5-6　媒合平台上劃分收費與否的界線

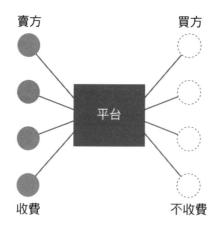

也有人已不跟任一方收費。簡而言之，就是採取「賺強者錢，不賺弱者錢」的做法。

請各位參考圖表 5-6。圖左側的是有「出售意願」的賣方使用者，右側則是具「購買意願」的買方使用者。要炒熱平台，就要有一定程度的買方和賣方使用者參與。平台為了招攬更多買方使用者，便選擇不向他們收費，而是在成交之際，才向賣方使用者收取成交金額的一部分。

Mercari 就是很具代表性的例子。這個平台不直接向買家收取費用，賣家在銷售時，也只會被收取成交手續費，光是上架，業者不會收取任何費用。

至於亞馬遜電商市集的價值獲取機制，則因為賣家都是專業商家，所以會向他們收取上架費或展店費，並於成交時再收取一筆手續費。不過，亞馬遜電商市集對買方完全不收取任何追加費用。

如果套用我在第 4 章曾介紹過的概念，這其實就是將利害關係人

圖表 5-7　明確設定不賺哪些收費對象的錢

註：以灰色標示的顧客，就是不賺錢的收費對象。
　　虛線部分的競爭同業和互補企業，則未被視為收費對象。

明確劃分成收費對象與不收費對象（圖表 5-7）。

　　將媒合的價值獲取機制延伸，正是劃分收費對象，貫徹「不賺特定對象的錢」的方針。不向終端使用者收費的做法，如今廣受社會接納，且蔚為風潮。

◆ 功夫扎得深，獲利跟著來（收費時機的運用）

　　定額訂閱是目前多家數位企業採用，且已展現一定成果的價值獲取模式。尤其在軟體、影音串流的定額無限使用上，已深獲大眾肯定，如野火燎原般普及。定額訂閱的一大特色是，業者會細水長流地收取比一次買斷便宜許多的金額，藉以回收投入成本，賺取利潤。

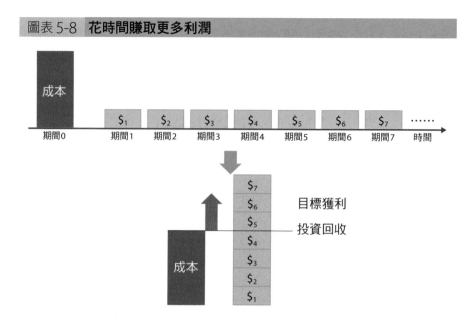

圖表 5-8　花時間賺取更多利潤

　　　　　　多元獲利模式大全

我將上述內容整理後，呈現如圖表 5-8 所示。假如，我們將它套用在月付型定額訂閱制上，並假設要花四期回收投入成本。那麼，自回本後的第五期起，業者收到的費用就能全額挹注獲利。

和在成交當下，業者就收到全額成本與利潤的產品銷售相比，可以看出定額訂閱是多麼需要毅力的價值獲取機制。不過，只要使用者願意續訂，付款金額就沒有上限。業者便有望從中賺得讓產品銷售望塵莫及的高額利潤。

定額訂閱制是體現「功夫扎得深，獲利跟著來」的價值獲取機制。而且，和銷售產品的賣斷不同，這些日後跟著來的利潤是沒有上限的。我在第 2 章介紹過的網飛，就是用這樣的價值獲取機制，突飛猛進地推升營業淨利。

綜上所述，我想各位應該已經明白，和製造業標準價值獲取機制的產品銷售之間最大的差異，就是定額訂閱制不會在簽約當下就賺回所有成本和利潤，而是善加運用銷售後的收費點，讓使用者願意繼續使用，才能持續收費，賺取更多利潤。

只要將定額訂閱制的收費點，融入付費者的活動鏈之中，就能明顯看出它與產品銷售之間有何不同。請各位參考圖表 5-9。產品銷售是透過銷售主要產品，在顧客購買時完成收費；而定額訂閱制則是以使用服務的對價當成收費點，持續向使用者收費。

對使用者而言，定額訂閱制的價值獲取機制除了可以不必一次付清費用，讓人覺得很划算之外，還能隨時取消訂閱，輕鬆無負擔。換句話說，它不僅要花時間慢慢賺取利潤，同時也是使用者續訂愈久，企業獲利愈多的價值獲取機制。

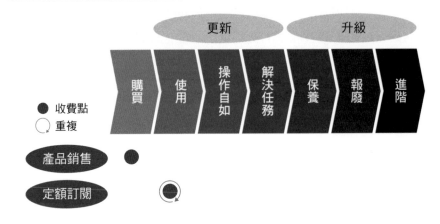

圖表 5-9　定額訂閱制的收費點

更新　　　　升級

購買　使用　操作自如　解決任務　保養　報廢　進階

● 收費點
○ 重複

產品銷售　●

定額訂閱　○

◆數位時代下的價值獲取創新

前述這三種在數位時代下蓬勃發展的價值獲取機制，收費點的運用方式各有特色，並不只是一味拼湊高獲利率產品或互補產品等。若以過去將產品銷售視為常識的方式來看，這些價值獲取都是令人難以想像的獲利手法。

這些做法很極端，但消費者就是吃這一套。

在免費增值模式當中，業者不透過主要產品收費，還將付費與否的決定權交給使用者，因此贏得了使用者廣大的支持，最終也創造出了營業淨利。對企業而言，確實要冒著本體產品無法獲利的風險；但相對地，對使用者導入方便，因而吸引了更多人加入，結果賺到了營業淨利，是創新的價值獲取機制。

在媒合中，某一方的付費者完全不必付費，但企業最終還是能創造出事業利潤。其實只要企業有心想多收費，並不缺乏收費點，但他

	收費對象	收費點	收費時機
保守派	向主要顧客收費	以主要產品收費	立即收費
創新派	不向主要顧客收費	不以主要產品收費	細水長流地收費
價值獲取	媒合	免費增值	定額訂閱制

們卻刻意選擇不收。由於不在收費點上，跟本來應該要收費的主要顧客收費，因此為了調整收費對象，在價值獲取的設計上，希望能吸引到更多不需付費的終端消費者加入。

　　至於定額訂閱制則是在主要產品這個最重要的收費點上選擇不收費，改把收費點設在銷售（簽約）後，並於此時收費。把收費時機挪動到服務售出之後，對業者而言的確有風險，但對使用者而言，則是降低了使用門檻。只要能成功吸引到許多使用者來嘗鮮，企業的獲利就會大幅上升。

　　這樣一路看下來，各位會發現：在數位時代下備受矚目的價值獲取，內涵已和產品銷售截然不同。

　　如圖表 5-10 所示，創新的價值獲取機制透過不以主要產品收費，挪動收費點；不向主要顧客收費，調整收費對象；細水長流地收費，錯開收費時機。有主要收費點、有主要收費對象，還有可以立刻收費的時機，但業者都選擇不收費，因而成功吸引到許多使用者。

　　看在使用者眼中，免費增值、媒合與定額訂閱制這三個足以代表數位時代的價值獲取機制，個個都極具吸引力。這三種模式可說是，我在第 1 章曾定義過，能將顧客價值放大到極限的收費方法。即使顧客的願付價格偏低，將他們的付費負擔歸零，或祭出無與倫比的超級低價，仍能創造出顧客價值。

當我們從收費對象、收費點和收費時機的觀點，來審視這三種價值獲取機制時，會發現它們能否賺得利潤，其實全都操在顧客手中。它們的確堪稱「創新」，但這也意味著獲利的不確定性很高。

因此，向來都是用主要商品，從主要顧客身上立刻收到費用的製造業和銷售業，很可能會對價值獲取做出保守的決策，導入新觀念的難度很高。

▶ 04.
從收費觀點轉為利潤觀點

前面我們從收費的觀點，包括收費與否、向誰收費，以及何時收費等，審視了在數位時代下蓬勃發展的價值獲取。接下來，我們使用收費對象、收費點和收費時機等同樣元素，來看看企業該如何創造營業淨利。

◆ 用利潤觀點重新定義收費

前面我們用收費的觀點，審視了創新的價值獲取。若改從利潤的觀點剖析，就會如圖表 5-11 所示。

從利潤的觀點看來，所謂的「保守派」是指企業總想踏實地追求利潤落袋為安。收費對象就找主要顧客，收費點就用主要產品，收費時機就是成交當下馬上收到該收的利潤，還會留意有沒有疏漏。這就是製造業、銷售業一直以來所採用的產品銷售模式。

	收費對象	收費點	收費時機
保守派	向主要顧客收費	以主要產品收費	立即收費
創新派	向更有利可圖的付費者收費	於更有利可圖的收費點收費	細水長流地收費
價值獲取	媒合	免費增值	定額訂閱制

　　而所謂的「創新派」則帶有以下意涵：

　　請各位看看此圖表正中央的收費點。前面介紹免費增值的價值獲取時，我說它是「無利之利，以退為進」，因為此模式供應的明明是主要商品，業者卻選擇不收費（圖表中央）。

　　若我們改用利潤的角度來分析這項操作時，就會發現「無利之利，以退為進」所代表的意思，是在主要產品之外，加上「於更有利可圖的收費點收費」，搭配現有的收費點（未收費），打造出一套賺取事業利潤的機制。別只停留在收費與否的觀點，只要拓展視野，思考如何創造更多營業淨利，腦中自然就會浮現上述這樣的價值獲取。

　　在收費對象方面，又有哪些創新？前面介紹過媒合此很具代表性的價值獲取機制。這裡談的媒合，並不會向主要收費對象收費。我們只要從利潤的觀點來分析，就會發現在創新派的做法當中，加入了「更有利可圖的付費者」，最終還是能創造事業利潤。

　　至於在收費時機上，使用定額訂閱制的企業，並不會在成交後立即銀貨兩訖，而是選擇細水長流地持續收費。從利潤的觀點來看，這樣做等於是用時間持續賺取利潤。儘管無法在成交當下就讓利潤落袋為安，但業者只要持續和付費者交易，付費者就有可能付出遠高於我們預期的費用，還能為公司貢獻高額的營業淨利。

　　綜上所述，符合「創新派」的企業，對於收費對象的付款金額和

付款期間均未設限，因此在利潤回收上的確有一些不確定性，但未來可賺得的利潤金額就會不可限量。

　　而符合「保守派」的企業，雖然早早能讓利潤落袋為安，但價格和數量都已事先決定，所以企業能收到的利潤也有限。正因如此，所以我才希望這些企業能引進「創新派」觀點，進而發展出新的價值獲取機制。這些是「保守派」的製造業、銷售業應該採用的商業模式。

　　因此，經營高層應該尋求帶領企業從「保守派」轉型，航向「創新派」的獲利模式。

◆設計價值獲取的方法──獲利開關

　　前面我們分別看了收費對象、收費點與收費時機如何為企業創造利潤。接下來，我們要觀察由這些元素所組成的價值獲取呈現出什麼樣貌。

　　誠如各位在圖表 5-11 所見，產品銷售模式，代表「以主要產品、向主要顧客、收取立即性利潤」。製造業和銷售業向來採取的，都是這一套保守的價值獲取方式。

　　而獲利創新能帶來什麼改變？若想推動價值獲取機制的創新，那麼分析它的構成要素──收費點，以及由前所延伸的概念：收費對象、收費時機會很有幫助。為什麼搭配、重組它們是有效的方法？我將說明匯整如圖表 5-12。

　　我把前面在圖表 5-11 當中出現過的「保守派」用 ⓪ 表示，「創新派」則以 ❶ 來呈現。若把 ⓪ 和 ❶ 看成開關，保守派的獲利創造手法是「以主要產品，向主要顧客，收取立即性利潤」，所以三個項目都會

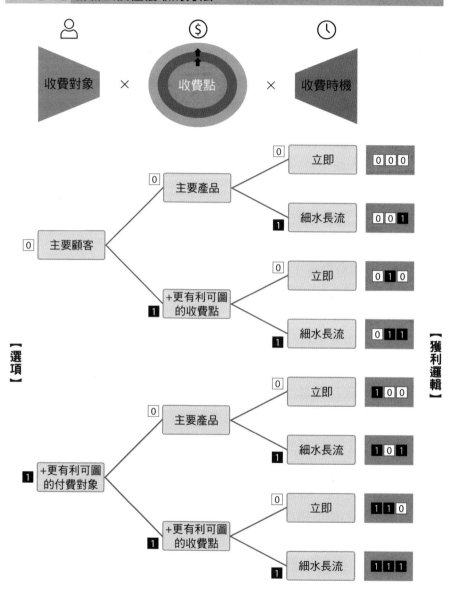

呈現「關」（⓪）的狀態。

相對地，如果假定「創新派」的獲利創造手法，是從原本收費對象、收費點和收費時機這三個開關全關的狀態，變成其中一個是「開」，或者一個以上轉為開（❶）時，就可看出其系統性的組合。

我把打開從⓪到❶的開關稱為「獲利開關」。而企業要做的，就是將收費點、收費對象和收費時機這三個開關的其中之一，或一個以上由⓪打開到❶。它是一套本質性的邏輯系統，是企業在獲利創新的概念下，發展全新價值獲取的起點。

製造業或銷售業者，目前處於開關都沒有打開的⓪⓪⓪，也就是「用主要產品，向主要顧客，收取立即性利潤」的狀態。換言之，這就是製造業、銷售業一直以來的選項——不想冒險爭利。他們採用的「產品銷售」，在收費對象、收費點和收費時機這三個項目上，都顯得既保守又標準，而且也是同業長期以來採用的方式，是一套很安全的價值獲取機制。

然而，只要其中有任何一個開關打開到❶，企業就有機會連上創新的利潤思維。只打開收費對象、收費點、收費時機的開關，從⓪到❶，甚至是一次打開其中兩個、三個開關，其實都有方法。懂得思考要打開哪一個獲利開關，才是跨出推動改革，邁向全新價值獲取機制的一大步。

對製造業或銷售業者而言，只要能從全部開關都關閉的⓪⓪⓪狀態出發，打開任何一個創新開關，就能實現和既往價值獲取、與業界慣例截然不同的價值獲取機制。創新開關一打開，企業就能用完全不同的思維，評估創造利潤的方法。

打開從⓪到❶的開關成功案例不多，又不保證絕對能獲利，會使企業經營的不確定性提高，因此敢勇於挑戰的企業，想必都會成為

率先挑戰的領頭羊。

然而，我在第 1 章也曾提過，如今價值創造已充滿了封閉感，要用 ⓪⓪⓪ 的價值獲取來創造利潤，簡直難如登天。企業絕對有足夠的理由勇往直前，改革價值獲取。在價值創造已無法催生利潤的這個時代裡，衷心期盼各位能善加運用這些獲利開關。

◆獲利開關所孕育出的獲利邏輯

接下來，我就要以這些獲利開關為基礎，提出建立價值獲取機制的系統。

請各位再看看圖表 5-12。獲利開關是由收費對象、收費點和收費時機所組成。圖表左側的【選項】，呈現出每個元素中可供選用的選項。用保守狀態的 ⓪，搭配創新狀態的 ❶，最後就會出現盈利化所需的系統性邏輯——也就是右側的【獲利邏輯】。

根據上述內容，我們可知上有八種獲利邏輯存在。

每一種邏輯都會搭配一組從 ⓪⓪⓪ 到 ❶❶❶ 的三位數號碼，百位代表收費對象，十位表示收費點，個位則意指收費時機。

以往，製造業和銷售業推動的是 ⓪⓪⓪（用主要產品，向主要顧客，收取立即性利潤），也就是保守的價值獲取機制。只要將當中任一位數的開關調整為 ❶，就會變成例如 ⓪⓪❶（用主要產品，向主要顧客，細水長流地收取利潤）、❶⓪⓪（用主要產品、向更有利可圖的付費者、收取立即性利潤）等號碼，而「❶」的開關就會成為獲利創新的起點。

要判斷究竟是哪個項目變成了 ❶，只要理解包括 ⓪⓪⓪ 在內的八種獲利邏輯，那麼即使以自家公司找到的多種收費點為基礎，再搭配

價值獲取	概要	獲利邏輯		
① 產品銷售	在所有產品的成本上，外加一定程度的利潤	0	0	0
② 服務業銷售商品	服務業結合產品銷售，提高利潤	0	**1**	0
③ 產品組合	搭配不同獲利率的產品，創造事業整體的利潤	0	**1**	0
④ 次要產品	提高主要產品與合併銷售產品的獲利率	0	**1**	0
⑤ 多元利潤設定	產品內容都一樣，但會視情況調整獲利率	0	**1**	0
⑥ 事先附加（保險、融資）	只銷售主要產品的利潤太少，故以銷售時的附加服務填補獲利缺口	0	**1**	0
⑦ 事後附加（維護）	只銷售主要產品的利潤太少，故以售後服務填補獲利缺口	0	**1**	**1**
⑧ 服務化（顧問化）	提供顧客運用產品時的輔助服務，藉以創造利潤	0	**1**	**1**
⑨ 次要目標	對主要目標客群讓利，但從其他顧客身上賺取較多利潤	**1**	0	0
⑩ 競標	由買方出價投標，以便使用競標品賺取更多利潤	**1**	0	0
⑪ 動態定價	同一件產品的請款金額，會依付費者的情況而變動	**1**	0	0
⑫ 定額訂閱制	每隔一段時間就向顧客收取定額使用費，隨著時間累積利潤	0	0	**1**
⑬ 預付訂閱制	顧客預付使用費，讓利潤先落袋為安	0	0	**1**
⑭ 計量訂閱制	依使用量多寡收取使用費，隨著時間累積利潤	0	0	**1**
⑮ 回頭客	以「每一位使用者都會重複購買」為前提來創造利潤	0	0	**1**
⑯ 長尾	以豐富的產品線來攬客，並透過暢銷商品來爭取獲利	0	**1**	**1**
⑰ 租賃	用合約將顧客綁住一段時間，隨著時間賺取利潤	0	0	**1**
⑱ 刮鬍刀模式	壓低產品本體的獲利率，拉高附屬產品的獲利率，靠著時間創造利潤	0	**1**	**1**
⑲ 會員制（會費）	透過收取會費和本業利潤分進合擊，共同為企業創造利潤	0	**1**	**1**
⑳ 免費增值	產品本體免費，但刻意調高附屬品的獲利率，用整體事業一起為公司創造利潤	0	**1**	**1**
㉑ 副產品(by-product)	把在事業活動中衍生的副產品，供應給主要顧客以外的付費者	**1**	**1**	0
㉒ 內容（IP）	將「跨平台使用內容或 IP」化為重要的獲利支柱	**1**	**1**	**1**
㉓ 手續費事業	也向顧客以外的競爭者或供應商收取手續費，藉以創造利潤	**1**	**1**	**1**
㉔ 優先權	將「優先使用權」化為重要的獲利支柱	**1**	0	0
㉕ 三方市場	「廣告主所付的廣告費」是重要的獲利支柱	**1**	**1**	0
㉖ 媒合	「串聯供應者和使用者的對價」為重要的獲利支柱	**1**	**1**	0
㉗ 宣傳大使	大幅減免介紹人原本應付的費用，藉由攬客和培養顧客來創造利潤	**1**	0	**1**
㉘ 虛榮溢價	設定一群顧為同一項產品支付較高金額的人，並從他們身上獲取利潤	**1**	0	0
㉙ 加盟	「將成功的事業手法授予他人使用」化為重要的獲利支柱	**1**	**1**	**1**
㉚ 資料存取	將自家「累積資料」的存取權，化為重要的獲利支柱	**1**	**1**	**1**

獲利邏輯	概要	價值獲取
⓪⓪⓪	用主要產品，向主要顧客，收取立即性利潤	① 產品銷售
⓪⓪❶	以主要產品，向主要顧客，細水長流地賺取利潤	⑫ 定額訂閱制 ⑬ 預付訂閱制 ⑭ 計量訂閱制 ⑮ 回頭客 ⑰ 租賃
⓪❶⓪	從主要收費點，加上更有利可圖的收費點，向主要顧客，收取立即性利潤	② 服務業銷售商品 ③ 產品組合 ④ 次要產品 ⑤ 多元利潤設定 ⑥ 事先附加（保險、融資）
⓪❶❶	透過主要收費點，加上更有利可圖的收費點，細水長流地向主要顧客賺取利潤	⑦ 事後附加（維護） ⑧ 服務化（顧問化） ⑯ 長尾 ⑱ 刮鬍刀模式 ⑲ 會員制（會費） ⑳ 免費增值
❶⓪⓪	以主要產品，向主要顧客及更有利可圖的付費者，收取立即性利潤	⑨ 次要目標 ⑩ 競標 ⑪ 動態定價 ㉔ 優先權 ㉘ 虛榮溢價
❶⓪❶	憑著主要產品，從主要顧客及更有利可圖的付費者身上，細水長流地賺取利潤	㉗ 宣傳大使
❶❶⓪	用更有利可圖的收費點，從更有利可圖的付費者身上，收取立即性的利潤	㉑ 副產品（by-product） ㉕ 三方市場 ㉖ 媒合
❶❶❶	用更有利可圖的收費點，細水長流地向更有利可圖的付費者，賺取利潤	㉒ 內容（IP） ㉓ 手續費事業 ㉙ 加盟 ㉚ 資料存取

運用收費對象和收費時機所組成的任何價值獲取，都能知道屬於何種類型。

換言之，不論企業的價值獲取是單純或複雜，必定都能用這些獲利邏輯的其中之一來解釋。說得更明白一點，世上所有的價值獲取機制，都可說明、歸類在這八種獲利邏輯之中，也能用它們來說明。

我將上述內容匯整為圖 5-13。各位只要看看圖表右邊的「獲利邏輯」，就可以發現眾多天才打造的三十種價值獲取機制，也都能歸類到這經過系統化整理的八種獲利邏輯之下。

舉例來說，對主要目標客群讓利，但從其他顧客身上賺取較高利潤的「⑨ 次要目標」，其實就是調整收費對象，而從 0 0 0 變成了 1 0 0。由此可知，運用這一套價值獲取的企業，是將獲利邏輯轉換成了「用主要產品，向主要顧客及更有利可圖的付費者，收取立即性利潤」。

接著，我在圖表 5-14 中，試著將三十種價值獲取機制歸類到八種獲利邏輯。細看這張表，應該會發現三十種價值獲取機制恰好都能歸類在八種獲利邏輯之下，沒有遺漏或重複。

例如，「③ 產品組合」歸類為 0 1 0，亦即建立在「從主要收費點，加上更有利可圖的收費點，向主要顧客收取立即性利潤」的獲利邏輯上。

此外，本章在談創新派價值獲取時介紹的「⑳ 免費增值」是屬於 0 1 1，運用的獲利邏輯是「透過主要收費點，加上更有利可圖的收費點，細水長流地向主要顧客賺取利潤」；而「㉖ 媒合」則符合 1 1 0，獲利邏輯為「用更有利可圖的收費點，從更有利可圖的付費者身上，收取立即性的利潤」；至於「⑬ 預付訂閱制」則類屬於 0 0 1，獲利邏輯是「用主要產品，向主要顧客，細水長流地賺取利

潤」。

　　除了目前已知的三十種價值獲取之外，想必今後還會有各式各樣的價值獲取機制問世。不過，就算出現再怎麼前衛的價值獲取機制，也一定能歸類到這裡介紹的八種獲利邏輯之下。

▸ 05.
用獲利開關改變價值獲取

　　如前所述，在獲取更多價值所需的盈利化當中，有八種獲利邏輯可循。

　　那麼，長年來都以產品銷售來獲取價值的 ⓪⓪⓪ 企業，該如何打開獲利開關、求新求變，才能從 ⓪⓪**1** 轉型為 **111** 呢？在推動變革之際，又會碰上什麼問題？接下來，就讓我們來探討這幾個議題。

◆轉型為 ⓪⓪**1**
──「細水長流」就是要「花時間」

　　只在最後一項創新的 ⓪⓪**1**，是在其他項目維持保守作風，唯獨在收費時機上追求創新的獲利邏輯。

　　儘管從 ⓪ 變 **1** 的項目只有一個，但要更動收費時機，可沒那麼簡單。因為更動收費時機，意味著要改變企業對賺取利潤的態度，更等同於要調整與使用者之間的往來互動。

　　在 ⓪⓪⓪ 狀態下，企業的獲利只在產品銷售階段就宣告結束；而

在 [0][0][■] 狀態下，則要等到售出產品後的收費時機來臨，企業才能賺取利潤。因此，企業如何與顧客往來互動，便顯得格外重要。

假設某家 [0][0][0] 企業原本是以銷售軟體來賺取利潤，後來他們只更動了收費時機，將獲利邏輯變成了 [0][0][■]。可是，賣出主要產品之後，業者可不能像是「賣了就解散」般疏遠顧客。這麼做的話，下個月起就收不到使用費了。

尤其是選用「⑫ 定額訂閱制」或「⑭ 計量訂閱制」的企業，絕不能一成交就和顧客切斷關係。畢竟企業能否繼續從顧客身上獲利，全在顧客的一念之間。萬一不幸被解約，就連成本都收不回來，更遑論獲利。

相較於其他獲利邏輯，「只調整收費時機」的做法，看似是一種輕而易舉的獲利創新。因此，它也是許多製造業、銷售業者眼中，最容易下手的價值獲取，甚至會抱著「抓到浮木」的心態，奮不顧身地搶進。可是，這種改革的成功案例，其實並不多。

對於以往總是在收取「立即性」利潤的企業而言，要操作「細水長流」賺取利潤的價值獲取機制，難度其實超乎想像，絕不是可以坐等利潤一直自動送上門的美夢。既然是把以往可以立即到手的獲利，刻意改成了「細水長流」，那麼企業就必須拿出願與顧客建立長期關係的決心才行。若是缺乏這種客戶關係的企業，或是根本無意與顧客建立關係的話，這一套獲利邏輯就無法成立。

◆轉型為 [0][■][0]
──能否擬出一套「吃虧就是占便宜」的劇本？

[0][■][0] 這一套價值獲取機制，不僅是利用主要產品來賺取一定程度的利潤，還要搭配「更有利可圖的收費點」來創造利潤。

聽到這樣的描述，各位或許會認為：只要端出以「銷售主要產品」為基礎的 000，再加上獲利率更高的收費點即可。

然而，它並不是這樣操作的。企業在選擇使用這一套價值獲取機制時，必須調整營業淨利的結構。如果以為只要用 000 加上新的收費點，就能一次性拉抬獲利，那就太天真了。因為，要推升事業利潤，必須打造一套全新的機制，才能確保顧客一定會在更有利可圖的收費點購買產品才行。

既然要讓顧客很有機會在「更有利可圖的收費點」購買產品，那麼最不可或缺的，就是想辦法讓顧客在購買主要產品的同時，絕對會連同這項產品一起結帳。當然我們不能強迫顧客買單，所以需要提出有說服力的故事或理由，讓顧客自願掏錢成套買走。

企業必須配合這一套價值獲取機制，從零開始重新設計包括銷售、供應方法等在內的所有元素。因此，能否在幾個具黏著度的收費點之間建立關係，是推動 010 最重要的課題。

建立機制之後，若要採取更策略性的思維，還可調降主要產品售價，刻意在這個收費點讓利，運用主要產品與「更有利可圖的收費點」之間的獲利率落差，將主要產品塑造成攬客裝置，就能放大營業淨利的獲取金額。「③ 產品組合」、「④ 次要產品」或「⑤ 多元利潤設定」都是刻意操作上述手法、追求盈利化的價值獲取機制。

不論採取什麼樣的操作形式，在挑戰運用獲利率落差，創造更多利潤的 010 時，企業必須先打造出迷人的產品，才能吸引顧客主動同時購買。

◆**轉型為 ⓪❶❶**

──能否將前期支出納入規畫？

　　⓪❶❶ 是「透過主要收費點，加上更有利可圖的收費點，細水長流地向主要顧客賺取利潤」的獲利邏輯。這是刻意搭配使用「更有利可圖的收費點」，並與原有收費點隔一段時間才提供給顧客，花時間累積出獲利的方法。

　　製造業若想轉型為 ⓪❶❶，建議循以下順序推動：首先要實踐 ⓪❶⓪ 的獲利邏輯，最好先想出一些具黏著度的收費點，讓顧客萌生想和主要產品一起買的念頭。之後再視顧客的使用狀況或成長需求，調整非主要產品的收費時機。

　　最重要的是要澈底分析顧客，掌握他們使用目標產品的場景，或用來解決什麼任務。雖然這要花上一些時間才能賺得利潤，但只要企業有完善的機制，能陪伴顧客走過使用產品的各個階段或解決任務的過程，那麼顧客就會扎根駐留，收費點也會發揮效用，助企業達到期望中的營業淨利水準。

　　此外，⓪❶❶ 和 ⓪❶⓪ 一樣，都有可能藉由擴大主要產品與「更有利可圖的收費點」之間的落差，擴大銷售規模。此時固然可只降低主要產品獲利率，但更明快的做法，是乾脆讓主要產品的毛利歸零，甚至可採取營收（收費金額）歸零的極端做法。「刮鬍刀模式」和「免費增值」，就是最經典的例子。

　　數位企業由於具備壓低服務利潤所需的條件，上述這種將主要產品獲利率壓縮到極致的做法，操作起來的確比傳統產業占優勢。許多數位企業的邊際成本很低，甚至幾乎是零成本，因此較能輕鬆運用

011 這種要犧牲主要產品利潤的獲利邏輯。

　　而在製造業，業者在銷售產品前，要先支出現金產製實體產品，因此沒有營收就代表公司虧損。而且產品成本愈高，虧損金額也就愈多。倘若各位研判這樣的狀態風險太高，或許可以改為評估「零毛利」的方案，至少賺回最低限度的成本。即使如此，銷售主要產品還是不會有利潤進帳，所以在操作這個獲利邏輯時，一定要讓顧客願意在其他收費點花錢才行。企業必須視顧客使用產品的狀況，拋出需要的、有利可圖的收費點，同時也要思考能與顧客長期往來的方法。

　　011 成敗的關鍵，在於「不求獲利的營收來源，能吸引到多少顧客的青睞」。建議處於 000 階段的企業，不要跳級打怪，貿然挑戰 011。最好先從 010、001 兩個獲利邏輯中，選擇其一按部就班地推進。企業成功創造出全新價值獲後，再把 011 當成進階目標挑戰，這才是最單純的做法。

◆轉型為 100
——能否明確區分讓利對象與得利對象？

　　100 是「以主要產品，向主要顧客及更有利可圖的付費者，收取立即性利潤」的獲利邏輯，也就是只在收費對象的項目上，將獲利開關打開至 1。這種價值獲取機制，是要在主要顧客之外，再找出一群更有利可圖的收費對象，並以這樣的組合來為企業賺取營業淨利。

　　在 100 的邏輯當中，主要產品相同，但會調整收費對象，因此成功與否，其實在考驗企業能否找到一群願意支付更高金額的對象。各位可以想成是以目前的主要產品為基礎，但收費金額會因收費對象

而有所不同，就會比較容易理解。

各位最容易想像的，就是顧客當中那些特別有苦衷的顧客關係人和情境優先型顧客（請參閱第4章）。除了主要顧客之外，還有沒有其他願意付錢的收費對象？仔細觀察自家公司以往的案例，應該就能發現這樣的對象，其實還不少。

先用 **1**00 打好基礎，想再擴大交易規模，推升營業淨利的金額，其實還有變化型的做法，就是將主要顧客會購買的主要產品費用，降到破盤價。把主要顧客型塑成不計盈虧的收費對象，吸引市場關注，此時再搭配和這些主要顧客一同前來消費，能為企業挹注更多利潤的高收費對象，藉以賺取營業淨利。其實這樣的操作，就是「⑨次要目標」、「⑪動態定價」等價值獲取機制在做的事。

不論採取什麼操作手法，為了推升營業淨利，就要設計一套獲利設計的機制，並在其中留意主要顧客及其他收費對象之間的關係。

◆轉型為 **1**0**1**
──讓無利可圖的付費者變成企業的長期盟友

10**1** 是標榜「憑著主要產品，從主要顧客及更有利可圖的付費者身上，細水長流地賺取利潤」的獲利邏輯。它不僅打開了收費對象的開關，也啟動了收費時機的創新。

在 **1**0**1** 的獲利邏輯當中，首先要考慮的是：能不能在供應同一款主要產品的前提下，吸引到比現在主要顧客更能貢獻利潤的收費對象？接著，則要思考能否細水長流地賺取利潤。至於從顧客使用到解決任務為止的過程中，應該有一些能花時間慢慢爭取獲利之處，不過到時候，企業該如何延續與付費者之間的關

係，便成了一大關鍵。

我們也可將 **1** **0** **1** 視為是在 **0** **0** **1** 的「細水長流地賺取利潤」之外，再把收費對象也變成 **1** 的獲利邏輯。儘管看來只是收費對象從 **0** 或 **1** 的差別，但 **1** **0** **1** 有個堪稱獨家的特點，那就是持續愛用的顧客，會透過分享經驗談或因產生特別感，而吸引更能貢獻利潤的顧客上門。企業在進行營業淨利的獲利設計時，要考慮像情境優先型顧客這種既非主要顧客、又願意支付更多費用的收費對象，進而為他們貢獻的營收打造出一套價值獲取機制。

在 **1** **0** **1** 的價值獲取順利上了軌道之後，若還想再吸引更多顧客，更進一步擴大交易規模，推升事業利潤的話，有一個方法，那就是調降主要顧客的利潤。如此一來，就可拉大主要顧客和非主要顧客這兩種付費對象的獲利率落差，讓收費上的劃分更明確，又能創造營業淨利。

在您貴公司的顧客當中，應該有核查員（monitor）或品牌傳教士（evangelist）？把他們設定為主要顧客，但不求從他們身上賺取利潤回報。請他們積極運用公司的主要產品，爭取市場好評，讓他們發揮攬客功能才是重點。企業要利用這樣的手法，為產品拉來更能貢獻利潤的收費對象。而這一連串的流程，會成為細水長流地為企業創造利潤的手法。

◆轉型為 **1** **1** **0**
──能否綜觀不同收費對象的差異？

1 **1** **0** 是「用更有利可圖的收費點，從更有利可圖的付費者身上，收取立即性的利潤」。亦即，它是一種讓收費對象和收費點變

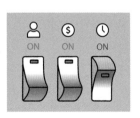

得更多樣化的獲利邏輯。前面介紹過的獲利邏輯，是在收費對象或收費點兩者中，加上「更有利可圖」的選項；但在 **1** **1** **0** 當中，則是兩者都加上了更有利可圖的選項。

這樣一來，價值獲取就會變得更簡單。因為在 **1** **1** **0** 的邏輯下，企業會發展成提供主要產品給主要顧客，提供「更有利可圖的收費點」給「更有利可圖的付費者」。

為「更有利可圖的付費者」提供的「更有利可圖的收費點」，其實是因為已經有供應給主要顧客的主要產品，才得以實現。其中最具代表性的例子，就是「三方市場」。因為，有眾多使用者（主要顧客）使用某個場域（主要產品），廣告主（更有利可圖的付費者）才會有意願運用該場域，並且願意為廣告（更有利可圖的收費點）付費。免費供應主要產品，才能為這種策略壯大聲勢，創造出吸引眾多主要顧客聚集的市場，吸引有利可圖的收費對象加入。

瑞可利的蝴蝶結模式（Ribbon Model）和房仲業，從早期就開始實踐這一套獲利邏輯。他們不向求職學生、租房房客等主要顧客收取手續費，而是向徵才企業或房東等「更有利可圖的收費對象」收費，藉以創造營業淨利。

由於數位化的發展，這種操作也變化出了更多運用。許多大幅成長的平台企業，都用了 **1** **1** **0** 的獲利邏輯。企業不期望主要顧客貢獻獲利，一旦媒合成立，就向另一方的顧客收取手續費。企業提供無利可圖的服務，給一群無利可圖的收費對象，就是招攬更多消費者的祕訣。而當平台發展成廣受消費者支持的一大基礎設施時，即可望大展鴻圖。

製造業和銷售業者也可以建構 **1** **1** **0** 的獲利邏輯。舉例來說，握有銷售數據資料的 B2C 企業，可將這些資料提供給需要的供應商，實

現這一套邏輯其實意外地順利。想必很多企業都已透過非主要產品的收費點，從非主要顧客的收費對象身上賺到了對價，因而推升了營業淨利的規模吧。

不過，要實現這一套獲利邏輯，須整備下述條件，那就是企業必須直接與主要顧客連結。製造業往往把銷售業務交給零售通路或批發商處理，因此無法取得終端消費者的數據資料。首先，企業必須先與終端消費者建立連結。這樣做不只是希望透過直接交易來提供優惠價格，更是要藉由D2C（Direct to customer）的方式，直接與顧客往來，同時建立起累積數據資料的體制。這是探索「更有利可圖的收費對象」必要做的事情。

◆轉型為 1 1 1
──能否創造出「非你不可」的黏著度

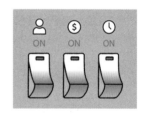

1 1 1 是在收費對象、收費點和收費時機上均打開開關，「用更有利可圖的收費點，細水長流地向更有利可圖的付費者，賺取利潤」的獲利邏輯。它和 1 1 0 的差異，在於它不會因為交易成交就想立即獲利，而是花時間細水長流地賺取利潤。換言之，它等於是以持續交易為前提，從 1 1 0 開始發展出來。

儘管 1 1 1 是以細水長流的方式賺取利潤，但除了簽約當下之外，業者可收取費用的點五花八門，故可進行各式各樣的收費。因此，只要這個獲利邏輯如願成立，企業賺進的利潤甚至可達無上限。

而在這個邏輯當中，特別看重提供給主要顧客的主要產品夠不夠卓越。只要有愈來愈多使用者受主要產品吸引而來，「更有利可圖的付

費者」就會願意在「更有利可圖的收費點」持續付費購買產品。

實務上，像谷歌所發展的平台，其實原本就打算要細水長流地賺取利潤。他們為不同的收費對象，設計了完全不同的收費點，並以各種形式持續耕耘發展，才有了現在的規模。不僅主要顧客，也針對「更有利可圖的付費者」兩者，找出他們有何任務待解，還要了解、累積對這些任務的認識，不斷向雙方提案，才能發展出長久永續的交易關係。

因此，企業導入 **1** **1** **1** 時，最好要在各路付費者交會的「場域」中，隨時累積、更新來來去去的資訊。對製造業、銷售業而言，這是很難一步到位的獲利邏輯，但反過來說，如果企業願意試著設想做到這樣的程度，就有可能孕育出創新的想法，帶領企業從 0 0 0 向前突飛猛進。

▶06.
著手推動價值獲取的創新

透過營收來源的多樣化發展，我們找出了一些收費點。而在本章當中，我以這些收費點為基礎，探討了催生創新價值獲取機制所需的盈利方法——先介紹了獲利開關，接著又針對從獲利開關發展出來的獲利邏輯，做了一番論述。

在收費對象、收費點和收費時機的創新組合催化下，會結出獲利創新的果實。於是，當我們明確找到自家公司該追求的價值獲取時，就會立刻為了執行而進入著手準備的階段。

此時，製造業或銷售業者會最先想嘗試的，就是 0 0 **1** 。而最能

代表這個獲利邏輯的價格獲取模式，就是訂閱制。

然而，很多企業都感嘆訂閱制的成果不如預期。為什麼這些企業無法順利推動訂閱制？又該如何改善？在下一章當中，我要從價值獲取的觀點，深入探討訂閱制和另一個相關概念──經常性收入模式的內涵。

日本企業一窩蜂搶進
——「訂閱制」的本質

重點提要

- 那種「訂閱制」是否真的符合訂閱制的要件?
- 涵括訂閱制概念的經常性收入模式,究竟為何?
- 光是讓價值獲取轉型,為什麼不會帶來獲利?

關鍵字

▶ 訂閱
▶ 免費增值
▶ 經常性收入模式
▶ 數位時代下的價值獲取
▶ 灰色地帶
▶ 保證

在前一章中，我們剖析了獲利創新的八種獲利邏輯。其中，製造業和銷售業最容易切入的，就是 ⓪⓪❶；而最能代表這個獲利邏輯的價格獲取模式，就是訂閱制。

一心追求價值創造，卻又苦於無法創造利潤的製造業和銷售業，在 2018 年彷彿抓到了能一舉衝高利潤的好機會般，爭相投入訂閱制。可望定期帶來進帳的訂閱制，對這些企業而言，看起來就像救世主。

然而，我在前一章也提過，製造業、銷售業要從傳統銷售轉型為訂閱制，其實並沒有那麼容易。[1] 如前章所述，就獲利開關來看，只是從 ⓪⓪⓪ 轉為 ⓪⓪❶，變動的只有收費時機而已，因此企業端會認為可以輕鬆實現獲利創新，但其實完全不是那麼一回事。畢竟這些公司自創辦後，長年來都習慣操作產品銷售，突然要改換成不同的價值獲取機制，等於是要從零開始全盤重新思考。

因此，我要從價值獲取的觀點，來探討製造業、銷售業者大舉跨足訂閱制的現象，分析他們以往導入或轉型不順的原因，並說明其與巧妙運用訂閱制、成功獲利的企業究竟有何不同。此外，我還要從經常性收入模式的觀點，來談談除了訂閱制之外，還有哪些價值獲取機制廣受企業支持肯定。

1　本章是根據川上（2021a）、川上（2021b）所增加、修正的內容。川上（2018）、川上（2019）、川上（2020）等都一再提出這樣的論述。詳情請各位參照。

▶01.
許多製造業和銷售業者都錯看了「訂閱」

2015 年，Apple Music 和網飛開始在日本提供影音服務，以便宜的月費及無限視聽的形式，供使用者欣賞影音商品。立刻贏得了年輕族群的支持，並迅速竄紅。

這些服務套用的價值獲取機制，就是「訂閱制」。

媒體對訂閱制的報導，多半聚焦在「持續收費」和「定額收費」上，社會上對訂閱制的認知也多半這樣。然而，它原本的含義並非如此。因為，訂閱制並非一套讓企業用來自動賺錢賺到天長地久的機制。

訂閱制一詞，最初是從預購、續購的動詞「訂閱」（subscripe）發展而來，所以主詞是使用者。而雙方交易是否繼續，端看使用者的意願而定。

訂閱制自早年就以訂雜誌、報紙等形式存在，尤其報紙的長期訂閱更是歷史悠久。1609 年在法國史特拉斯堡（Strasbourg）；1620 年在維也納都有定期發行的報紙，每週配送一次。[2]

此外，通勤電車的定期票和鮮奶配送等長期訂購，也是由來已久。以英文「subscription」表示，也就是所謂的「舊型」。舊型訂閱制多半是採取「預付訂閱制」的價值獲取機制。顧客盡早確定續訂，可享折扣優惠，所以都會預付費用。如此一來，顧客也可省去每次自行購買的麻煩等。

2　參照梶原（1991）。

而近年來成長突飛猛進的，則是所謂的「新型」訂閱制。它和舊型的在「使用者持續使用一段時間」上相同，但新型訂閱制搭配數位科技，已頗具成果。而兩者最顯著的不同，莫過於「無限享用」上。

新型訂閱制是以月或年為期，支付一筆定額的費用，就可隨心所欲使用服務，這種付費形態已獲使用者接納。換言之，新型訂閱制在各類訂閱制當中，其實是屬於「定額訂閱制」價值獲取機制的範疇。

近來在社會掀起的訂閱熱潮，其實是因為定額制能供使用者無限享用的形式，而廣被接納。而這波訂閱熱潮影響所及，早已突破了數位領域，進一步蔓延到傳統的製造業、銷售業和服務業。

不過，許多製造業和銷售業者提供的定額訂閱制，其實並不符合新型定閱制的要件。接下來，我就要說明此點，並探討企業該如何面對價值獲取機制。

▶ 02.
定額訂閱制的特點

定額訂閱制究竟和以往的價值獲取機制有何不同？要剖析這件事，關鍵就在於定額訂閱制的上位概念「經常性收入模式」。這裡為各位分析，定額訂閱制在經常性收入模式之中，是何等特殊的概念。

◆定額訂閱制是一種經常性收入模式

線上音樂、影片串流服務等是在數位領域已相當普及的定額訂閱

制，特色是解約方便、付月費就可無限享用。這讓使用者感到「輕鬆自在」和「划算」，成為服務大受歡迎的主因。

而對企業來說，定額制訂閱服務的好處，是可以賺進源源不絕的營收。這種能為企業持續帶來獲利的價值獲取，統稱為「經常性收入模式」。而所謂的經常性收入模式，則是「售出後仍能持續產生營收的價值獲取」之統稱。

定額訂閱制是經常性收入模式的一種。此外還有「回頭客」、「刮鬍刀模式」和「租賃」等，都是由來已久的經常性收入模式。從經常性收入模式的觀點來綜觀整體，能讓訂閱制的特色更鮮明地浮現。

而在探討經常性收入模式之際，先釐清它對使用者、對企業的優缺點為何，更能看清它的本質。

回頭客、刮鬍刀模式和租賃三個概念，早在經常性收入模式一詞問世前，就已被活用於實現持續性的營收。它們直到今天都還備受支持，被認為是企業經營上的重要課題。這是因為對使用者而言，性價比高；對企業更是方便好用；是一套對雙方都有益的模式。

因此，我想先以這三個概念為基礎，帶各位看看經常性收入模式的特點，再進一步說明訂閱制的內容。

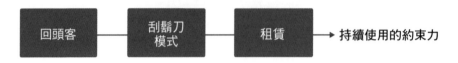

圖表 6-1　持續使用的約束力強弱

回頭客　→　刮鬍刀模式　→　租賃　→　持續使用的約束力

◆ 經常性收入地圖

　　只要從兩個觀點：「持續使用的約束力」和企業「回收利潤的時間」來觀察經常性收入模式，就可看出它的詳細內涵。

　　「持續使用的約束力」是指，使用者在續用與否上，因合約等限制所感受到的法律障礙，或者是在解約時感受到的心理障礙（圖表 6-1）。就約束力而言，由弱而強依序是回頭客、刮鬍刀模式和租賃。約束力愈弱，代表停用愈簡單，所以使用者覺得用起來輕鬆自在。

　　相反地，當約束力愈強，使用者愈不能隨意停用，就會讓人感覺「有負擔」。對使用者而言，約束力當然是愈弱越好；但對企業來說，約束力愈強，代表營收持續進帳的狀態愈確定，做起事來才方便。

　　回頭客的續購約束力最弱。使用者對企業完全不必負任何義務，是否續購產品全憑使用者的自由意志決定。這個概念的基礎是「賣斷」，所以當使用者突然變心投靠其他產品、不再續購原有產品時，也不會受到責難。

　　租賃因為受到法律合約的約束，所以續購約束力最強。合約期間基本上不得停用解約，也不得變更合約對象資產。

　　刮鬍刀模式則介於上述兩者的中間位置。儘管購買消耗品或附屬品的時機可由使用者自行決定，但由於已經買了產品主體，因此消耗品的選擇受限，只能購買專用產品。換言之，相較於全憑自由意志決

定的回頭客，刮鬍刀模式對使用者會造成心理上的約束力。儘管使用者並沒有受合約限制，但既然已經買了主體，想賺回沉沒成本的心態就會隱隱發作。

接下來，讓我們確認「回收利潤的時間」（圖表 6-2）。企業「回收利潤的時間」，會直接影響使用者對付費負擔的感受。

當企業選擇長時間慢慢回收利潤時，對使用者而言，由於平均每次付費的負擔降低，因而醞釀出「划算感」。反之，若企業想盡早回收利潤，那麼對使用者而言，平均每次付費的負擔就會加重。

對業者來說，回收利潤所需的時間當然是愈短愈好；但對使用者而言，則希望業者最好盡量細水長流，慢慢回收。

回頭客回收利潤的時間最短。儘管在獲利設計上，就是以顧客會回購為前提，並期望顧客能持續創造利潤。但每次售出商品，業者都能賺足利潤。

另一個極端是，回收利潤時間最長的租賃。租賃業者代替使用者持有某項資產，再轉租給使用者。這等於是要業者全額負擔初期成本，再花很長的時間回收，短則三年，最長甚至可能達數十年。

刮鬍刀模式也需要花時間才能回收利潤，但不至於像租賃那麼曠日廢時，定位在回頭客和租賃中間。利潤幅度相當微薄，有時甚至還會銷售虧損的產品本體，再透過利潤豐厚的附屬品回收該有的利潤。

我以上述內容為基礎，製成圖表 6-3，好讓各位能一眼看出前面探

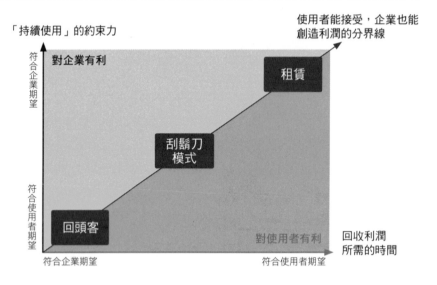

圖表 6-3 **經常性收入地圖**

「持續使用」的約束力

使用者能接受，企業也能
創造利潤的分界線

符合企業期望

對企業有利

租賃

刮鬍刀
模式

符合使用者期望

回頭客

對使用者有利

回收利潤
所需的時間

符合企業期望

符合使用者期望

討的回頭客、刮鬍刀模式、租賃三者在「對持續使用的約束力強弱」
和「回收利潤所需的時間長短」上的優劣。

　　從圖中可以看出，這三種經常性收入模式在縱、橫兩軸之間，朝
斜上方排成一列。三者都是長期在經常性收入模式當中占一席之地的
價值獲取，對企業和使用者都合用、有益。

　　因此，它們可以說是在回收利潤所需的時間長短，以及要求持續
使用的約束力強弱方面，都均衡、兼顧的經常性收入模式。換言之，
串聯各模式的那條線，堪稱是經常性收入模式最均衡的分界線。

　　這條線也是使用者對產品感興趣，而企業也能創造利潤的分界
線。因此，在這條線上方的部分是企業較占便宜，對企業較有利；線
下方的部分是使用者較占便宜，對使用者較有利。

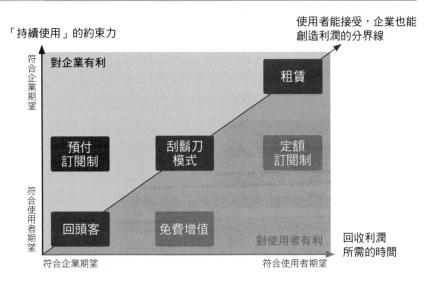

圖表6-4　**定額訂閱制和免費增值，都是對使用者有利**

使用者能接受，企業也能
創造利潤的分界線

「持續使用」的約束力

對企業有利

符合企業期望

租賃

預付
訂閱制　　刮鬍刀
模式　　　定額
訂閱制

符合使用者期望

回頭客　　免費增值

對使用者有利　回收利潤
所需的時間

符合企業期望　　　　　　　　　　符合使用者期望

◆ 定額訂閱制的特點

　　畫出這張經常性收入地圖後，我們就可明白定額訂閱制為什麼會如此受到矚目（圖表6-4）。因為相較於傳統的經常性收入模式，定額訂閱制處在對使用者有利的位置。

　　比較在地圖上位置接近的租賃和刮鬍刀模式，就能非常明白定額訂閱制是何等吸引人。

　　租賃要花很長時間才能回收利潤，這一點和定額訂閱制相同，但兩者的約束力差異極大。說穿了，其實讓使用者長期付費，會提升呆帳、倒帳的風險。租賃透過法律規範及合約，約束顧客三年五載。而定額訂閱制儘管也有一個月或最長頂多以一年為期的綁約要求，但只要一過約束期，就能輕鬆解約。定額訂閱制比較「輕鬆自在」，故可說

是對使用者有利。

再和刮鬍刀模式做比較。從企業的角度來看，刮鬍刀模式當中的主體商品利潤確實相當微薄，但由於消耗品等附屬品的毛利設定偏高，所以使用者使用產品的頻率愈高，業者愈能盡早回收利潤，儼然就是刮鬍刀主體和刀刃之間的關係。而在定額訂閱制當中，企業是以固定金額的費用慢慢回收利潤，對使用者而言覺得很「划算」。所以，相形之下，定額訂閱制仍可說是對使用者有利。

在使用者眼中，對使用者有利看起來就像企業不計盈虧代價。而對使用者有利的理想狀況，容易在市場上引起話題。近來的訂閱制熱潮，顯然就是因為在使用者端蔚為話題。

尤其像是音樂無限聆聽，或是電影無限觀賞等收費制度，既划算又輕鬆自在，特別在以高中生為主的年輕族群之間竄紅，贏得了廣大的支持。顯見使用者對於企業的價值獲取，還是相當敏感。

這個現象讓人以為，對使用者有利的價值獲取彷彿突然從天而降，掀起了一波熱潮似的。但其實約莫十年前，就曾興起一波和這次一樣的熱潮，而且如今已成為市場常態——那就是席捲整個社會的「免費增值」。智慧型手機的遊戲應用程式，就是很具代表性的例子。業者為了透過收費道具賺取利潤，將主體商品設為免費。玩家可選擇一直免費玩下去，或是購買收費道具，讓遊戲進展更順利，付費與否全由玩家決定。

從圖表 6-4 中，各位也可看出這是對使用者何等有利的狀況。

03.
因熱潮而普及的「訂閱制」實情

　　2018 年前後，日本的製造業和銷售業紛紛投入「訂閱」，其中多數訴求「定額制」。它們和那些因數位化發展而起飛的定額訂閱制看似相近，實則不然。把這個現象反映在經常性收入地圖上，就會如圖表 6-5 所示。

◆製造業的訂閱制

　　首先，讓我們從製造業者的訂閱制開始看起。

　　製造業者其實已導入了位於對使用者有利區塊的「定額訂閱制」，可惜很多業者始終都只是「類訂閱制」。

　　定額訂閱制因為軟體應用而掀起了一大熱潮，於是汽車和家電業界等業者也趕上了這一波流行，把以往透過銷售賺取利潤的耐久財，轉以訂閱形式供應。使用者只要按月付費，就能使用全新的汽車或家電，這就是所謂的「物品訂閱制」。

　　日本最具代表性的製造業者，要將這些價值獲取機制當成定額訂閱制推上市面上，固然沒有問題，但它們的內涵，其實和長期租賃沒兩樣。

　　為什麼這麼說？因為看過業者實際推出的服務內容之後，就會發現汽車要受三到七年不等的使用期約束，電視則是五年。一旦業者加強了約束力道，這一套模式當然就不再是圖表 6-5 所呈現的「定額訂閱

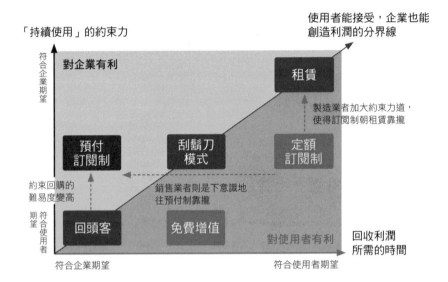

圖表 6-5　製造業和銷售業的訂閱制，往往掉入陷阱

使用者能接受，企業也能
創造利潤的分界線

「持續使用」的約束力

對企業有利

符合企業期望

租賃

製造業者加大約束力道，
使得訂閱制朝租賃靠攏

預付
訂閱制

刮鬍刀
模式

定額
訂閱制

約束回購的
難易度變高

銷售業者則是下意識地
往預付制靠攏

期望　符合使用者

回頭客

免費增值

對使用者有利

回收利潤
所需的時間

符合企業期望

符合使用者期望

制」，而是往「租賃」靠攏。此時，定額訂閱制已是名存實亡。

　　業者當然有自己的一套說詞。他們認為，投注了那麼多成本在產品製造上，可讓使用者隨意中途解約的訂閱制，回收不了投入成本、賺不到利潤的風險實在太高，非常危險。對於以往都是透過賣斷式的產品銷售來完成價值創造的製造業、銷售業者而言，儘管很想搶賺一波「訂閱財」，但究竟該如何發展，讓他們傷透了腦筋。

　　於是，業者加強了要求續用的約束力道，開始提供實為租賃的「類訂閱制」。儘管正式推出前獲得高度評價，但使用者卻很敏銳地感受到訂閱制原有的輕鬆自在已遭破壞，以至於並沒有造成轟動。

　　這裡我們看看兩家製造業者，在訂閱熱潮萌芽之初挑戰的案例。

豐田 KINTO

KINTO 股份有限公司是由豐田百分之百出資的子公司，自 2019 年起推出了「KINTO」「車輛定額制租賃」的服務。

KINTO 以按月繳費就能開新車切入市場。上市時最有話題性的，就是標榜划算和輕鬆自在的「KINTO ONE」方案。一部新車要價 260 萬日圓的 Prius，不使用獎金季整付繳款機制，[3] 使用者只要月繳約 5 萬日圓就能開新車，還內含保險、排照稅和保養等相關稅費。

不過，這個方案基本上一定要綁約使用三年，萬一中途解約，需賠高額的違約金，等於一簽約，就確定要繳滿總額 180 萬日圓的費用。況且期滿後，車輛並不會留下，必須歸還給 KINTO。

從使用者的角度來看，月繳金額與車貸相同，還不能中途解約的 KINTO，讓人完全感受不到定額訂閱制的輕鬆自在和划算。站在企業的立場，會認為汽車生產需要投入高額成本，無法頻繁接受客戶中途解約等行為。因此，KINTO 所謂的訂閱制，到頭來演變成保證殘值型融資租賃或長期租賃的構成。業者雖宣稱是定額訂閱制，但實在很難讓人看出它與租賃有什麼決定性的差別。

KINTO 在推出服務之前，想必也摸索過定額訂閱制該如何導入。不過，考量到最實際的回收成本，KINTO 還是無法採取可自由停用的解約方式。若要規畫風險更低的價值獲取機制，就只能拉高月費以求及早回收利益，或者加強持續使用約束力道的方法。而拉高月費會稀釋划算感，或許 KINTO 才因此做出加強約束力道，要求使用者續用的結論吧？原先希望導入的是定額訂閱制，結果卻幾乎和租賃沒兩樣。

3　譯註：日本上班族在年中和年底各發一次獎金，此機制可調高每年 1 月和 7 月的繳款金額，以降低平時的負擔。

觀察 KINTO 的宣傳表現，會發現他們同時使用訂閱制和租賃兩個詞彙，看得出連業者自己也很苦惱。況且對時下年輕族群而言，保證殘值型融資租賃已很普遍，看不出與這一套訂閱制有何不同。付款方式的選項變多，對使用者或許是好事，但在 KINTO 的案例當中，選項變多反而帶來複雜的印象，讓人揮之不去。

戴森科技＋

只要月付 1,000 日圓起，就可使用戴森各種功能強大的產品。日本戴森用這樣的造勢宣傳，於 2017 年 12 月獨步全球，推出了「戴森科技＋」（Dyson Technology +）服務。在物品訂閱制當中，它算是很早期就投入的服務，堪稱占有先驅地位。

在此項服務中，使用基本產品的服務方案，約期為三年，月付金額 1,000 日圓；若想使用高階產品，約期則為兩年，月付金額 2,500 日圓。中途解約則需另付 3,000 日圓辦理。

相較於一般吸塵器，戴森的產品價位偏高，購買與否總讓人不免猶豫再三。戴森以訂閱制提供這些產品，營造出划算的超值感，而且中途解約的申辦門檻也相對較低，在市場上搏得了好評。

然而，戴森卻在 2021 年 6 月突然終止了這項服務。儘管官方並未說明服務退場的原因，但恐怕是因為訂閱制的價值獲取無法成立所致。可以想見一定會有部分使用者在意綁約；應該也有人在意月繳費用 1,000 日圓，而解約手續費竟是月費三倍的這項規定。

至於對月繳 2,500 日圓的進階使用者而言，解約要付的手續費只比月費多一點，或許會覺得約束力不是那麼強。不過，市場推測戴森正是因為這樣，而無法想像如何創造出利潤，未來還能否大幅推升這項服務的利潤。

說穿了，這些吸塵器並非專為訂閱制所研發的物聯網設備，因此無法期待它們將來發展出個人化等服務。它們無法進行資料傳輸、存取，所以對於戴森研發更進化的訂閱制專用機型，也毫無助益。

此外，這些訂閱制的產品和市售的戴森產品一樣，到處都買得到。也就是戴森在銷售產品的同時，又以訂閱制的形式供應。如此一來，使用者會覺得以租代購更划算，勢必也會對產品銷售的表現造成影響。

訂閱會員增加，產品營收就會降低。可想而知對戴森而言，這項價值獲取其實根本沒有好處。要是當初戴森用了有別於通路銷售的產品，並且讓它們變成物聯網家電的話，應可望發展出一條和賣斷產品不同的路線。

儘管最後的結果是戴森退出了訂閱市場，戴森在日本的法人據點獨家推動的這項嘗試，以製造業者的實驗而言，可說是很有挑戰性。

不論是 KINTO 或戴森，要用汽車、家電這種耐久財的主體商品，成功發展出定額訂閱模式，是難度極高的壯舉。況且要持續經營這種訂閱制，需要附加一些純粹租賃或保證殘值型融資租賃所沒有的顧客價值。業者不僅要減輕使用者負擔維護等費用，如何創造出讓使用者願意積極選擇定額訂閱制的理由，也再再考驗著企業的智慧。

◆銷售業的訂閱制

接下來，我們要談談近來在包括零售、服務業的銷售業當中，急遽普及的訂閱制。零售服務業界的「定額訂閱制」，是以會一再使用為前提，一口氣向使用者收取大筆費用。不過相對地，平均每個（每次）

的單價就會變得很便宜。

　　不過，由於這些費用是預付，因此和在圖表 6-5 左側上對企業較有利的「預付訂閱制」並無二致。於是，原本對使用者有利的訂閱制瞬間豬羊變色，成了對企業有利的操作模式。

　　近年來的訂閱熱潮，其實是因為「付月費即可無限享用」的定額訂閱制，在數位化的發展下得以實現，才帶動了潮流興起。零售業和服務業也想跟上這波流行，便打算祭出「月費」的關鍵字來招攬使用者，希望發展新事業，且試著模仿了定額訂閱制的做法。但原想引領流行，孰料到頭來竟然只承襲了以往很多案例可循的舊型預付訂閱制而已。

在服務業蓬勃發展的預付訂閱制

　　當訂閱制一詞在社會上流行起來之後，各式服務便隨即如雨後春筍般爭相發展訂閱制。尤其在餐飲業，業者導入預付訂閱制的趨勢更是明顯。也就是說，只要先付一筆月費，顧客就能享受無限暢飲的咖啡，吃到飽的拉麵等「類訂閱」服務，相繼問世。

　　其實這些都是消費愈多次愈划算的銷售提案。業者在服務方面仍維持原貌，只是將價值獲取調整為月費定額制，就推出到市面上。

　　這樣的操作，只不過是單純的預付制，且絕大多數案例的成功機率都很渺茫。「既然如此，那是不是把月付金額再降低一點就好？」諸如此類的言論更是愚笨透頂。因為真正的問題，並不在於價格。

　　使用者感受不到這種訂閱制的吸引力，是因為當中潛藏著根本性的問題。儘管業者標榜這些方案是訂閱制，但其實它們的策略定位，都是站在對業者有利的那一邊。下面我來說明這個議題。

定額訂閱制和預付訂閱制的差異

從企業的觀點來看，預付訂閱制可讓業者收到比單次服務價格更高的金額，而且還能預先收到一大筆，等於賺足利潤所需的時間為零。[4]

不過，這意味著預付訂閱制會對使用者造成相當程度的負擔。請各位參考圖表 6-6。

看過這張圖表之後，就能明白同樣是訂閱制，定額訂閱制和預付訂閱制究竟有什麼差異。

定額訂閱制就如左圖所示，是把原本買斷時、價格高不可攀的商品，改用按月付費的方式壓低付款金額，讓使用者能輕鬆簽約。而定額訂閱制的使用者，其實就是看上這個好處。

例如，一套要付 30 萬日圓才能買斷的軟體，改用訂閱後只要月付 5,000 日圓就能使用；一輛要花 400 萬日圓才能買斷的汽車，改用訂閱後只要月付 5 萬日圓就能享受等案例，都是屬於定額訂閱制的範疇。就像觀眾會認為與其掏出好幾千日圓買一部電影的藍光光碟，不如找一家影音串流平台來訂閱，每個月只要付出約莫 1,000 日圓，就可以無限制地欣賞佳片，也是同樣的道理。

另一方面，預付訂閱制的特色則如右圖所示的邏輯。它將目前以單次賣斷形式的價格，推出到市面上銷售的服務，另以定額月費無限享用的模式供應，向使用者請款，並要求於事前一次付清當月費用。

如此一來，就算業者再怎麼標榜「用愈多，省愈多」，使用者顯然還是必須預付費用，所以感受不到訂閱制的好處何在。況且這樣的銷

4　預付會先有現金流入，故從現金流的觀點來看，收到帳款所需的時間，嚴格說來應該是負值。不過，這裡我們要探討的，是回收產品應有利潤需耗時多久，也就是「回收利潤所需時間」的問題，所以認定為零。

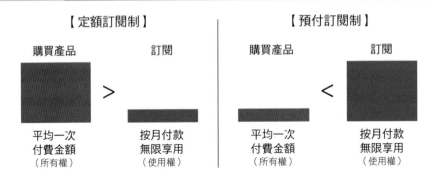

圖表 6-6　預付訂閱制的特殊性

【定額訂閱制】　　　　　　【預付訂閱制】

購買產品　　　訂閱　　　　購買產品　　　訂閱

平均一次　　　按月付款　　平均一次　　　按月付款
付費金額　　　無限享用　　付費金額　　　無限享用
（所有權）　　（使用權）　（所有權）　　（使用權）

售提案，應該是想吸引對低價特別敏感的族群，但他們不只在意低價，也很重視手頭現金多寡。除非理由很充分，否則他們不會願意為了將來而立刻付出大筆金錢。

　　綜上所述，各位應該可以明白：若從「回收利潤所需時間」的觀點來看，預付訂閱制是和定額訂閱制完全相反的價值獲取機制，對使用者可說是毫無益處可言。

與「回頭客」之間的差異

　　即使和回頭客模式相比，預付訂閱制仍顯得對使用者較為不利。預付訂閱制是將原本以一次賣斷形式供應的商品，另以限期使用的形式供應，以求能盡可能降低價格。這樣的銷售提案，對該項商品的重度使用者而言，的確有好處。不過，即使與回頭客模式相比，預付訂閱制所加諸的條件，還是對使用者不利。

　　而這項不利的條件，就是使用者會受持續使用的約束力束縛，必須持續在同一家企業、門市，或是在同一系列旗下使用相關服務。至於回頭客則是在每次需要時才購買服務商品，故不受任何約束力影

響，純粹只是自願回購而已。

從經常性收入地圖上，也可一目瞭然地看出預付訂閱制對使用者的吸引力，不如回頭客模式來得強。在回頭客模式當中，其實只不過是對商品忠誠度極高的使用者自願持續回購，業者不具任何約束力；而預付訂閱制則會對使用者加諸強大的約束力。

在這個段落當中，我們看了銷售業者積極運用訂閱制的案例。儘管業者紛紛強調它們是定額訂閱制，但其實都是預付訂閱制。當一家單次付 1,000 日圓就能無限暢飲的居酒屋，推出月付 4,000 日圓就能享受當月無限暢飲的訂閱制時，消費者儘管理智上明白訂閱比較划算，但除非是每次都到同一家店用餐小酌的顧客，否則恐怕不會興起預付這筆費用的念頭。

對企業來說，預付訂閱制能幫助業者盡早收回現金帳款，極具吸引力。但目前操作預付訂閱制成立的是鐵路定期票、有固定閱讀習慣的報章雜誌訂閱，以及事先訂出自己一年要去幾次的主題樂園年票等，也就是顧客固定使用成習慣的事物。企業若想切入這個領域，必須先建立起強大品牌忠誠度或基礎設施級的地位，畢竟預付訂閱制完全是對企業有利的模式。投入發展前，企業應先明白它是一種很難成立的價值獲取機制。

◆定額訂閱制發展不如預期的原因

這裡我想再次說明製造業、銷售業推動定額訂閱制，發展不如預期的原因。

許多製造業都只是把以往用賣斷形式供應的產品，另以定額訂閱

制的形式推出，而這正是發展不如預期的一大主因。身處在融資與租賃等金融商品已相當發達的現代社會，單純以定額制當成賣點，很難打動人心，使用者恐怕無法理解訂閱制的優勢究竟在哪裡。

此外，我也看過有些企業的訂閱收費內含維護保養等費用，並視此為賣點。使用者在導入新產品時，鮮少考慮故障的問題。尤其日本企業的產品又是在精密的製程下生產，甚至還標榜「故障率低」。在這種情況下，業者再怎麼強調訂閱制內含維護保養費用，都無法激發使用者的想像力。

其實還有一些導致定額訂閱制發展不如預期的原因，這不僅發生在製造業，銷售業也存在同樣的理由。

其一就是定額訂閱制影響了原有產品銷路，引發競食現象（cannibalization）。在經常性收入模式當中，企業要求持續使用的約束力愈弱，回收獲利所需的時間愈長，可說是對使用者愈有利。不過，要是因為想爭取使用者的肯定，而在訂閱制上大方讓利的話，到時候使用者用得愈多，業者的虧損就會愈滾愈大，反而還會對原本的獲利要角，也就是產品銷售造成衝擊。[5]

還有一個共通點，就是這種定額訂閱制的操作，破壞了「一種價值創造模式，對應一個價值獲取」的原則。導入訂閱制、但發展不如預期的企業，多數都是因為他們在一項事業活動當中，既銷售產品，同時又拿同樣的產品稍微調整價值獲取機制，就當成訂閱制服務來推出搶市。

---

5 青木西服（AOKI）的定額訂閱制西裝租借服務推出之後，廣受市場好評，但後來陷入了衝擊本業的狀況。一般會購買西裝的顧客，紛紛流向划算的訂閱制，恐有衝擊產品銷售之虞。結果訂閱制在上路半年後，便黯然收場。

也就是說，這些業者在相同的事業當中，並存兩個收費時機截然不同的價值獲取方式。這樣操作會造成現場的混淆，因為售出後就能收取立即性利潤的「產品銷售」，和每次平均使用費較便宜、要細水長流回收利潤的「訂閱制」，兩者在業務、銷售和售後體制等的策略上，完全迥異。

如果要把訂閱制獨立出來變成價值獲取機制的話，那麼最好在嶄新的價值創造之下進行。如果兩者用的都是同一款產品，有必要至少要另設一家子公司，把訂閱制當成另一個事業體來經營，最低限度要有獨立的事業部或專責團隊，以便和現有產品永久脫勾。

不過，只有唯一個例外情況，可容許產品銷售和訂閱並存在同一種價值創造之下──那就是限期或限制會員人數的訂閱服務。因為，這是把訂閱制當成促銷活動的一環來提供，所以在期限過後，或者達到目標會員人數時，就讓訂閱制退場。[6]在日本的服務業當中，有些企業就是用這個方法來吸引消費者關注。然而，如今訂閱制已遍布各行各業，這種限期促銷式的操作，恐怕很難期待效果會有多好。

業者若想讓產品銷售和訂閱制並存，必須將它們塑造成一個獨家的價值獲取機制，而不是兩者各自獨立並行。這是讓銷售與訂閱各司其職，又能用訂閱創造無限利潤的方法。到時候，最理想的情況，就是結合硬體（產品）與軟體（訂閱制），化為全新的價值獲取機制。關於此點，我會再詳述於後。

6　媒體曾報導，牛角燒肉和連鎖居酒屋就很積極地採取這樣的促銷手法。

◆訂閱制的成立要件

前面我們談過製造業、銷售業者推動訂閱制，發展卻不如預期的原因。既然如此，那麼要讓訂閱制，或者其上位概念「經常性收入模式」成功發展，究竟需要什麼條件呢？就讓我們依序看下去。

D2C 的過程

訂閱制要能成立，有一個很重要的關鍵，那就是製造業要跨足D2C業務。所謂的 D2C，其實是「Direct to customer」的簡稱，也就是製造業者要直接與消費者溝通。以往，製造業都是透過流通業供應產品。如今，只要透過網路或電商平台，業者要直接與使用者連結，其實很容易。

數位化所帶動的定額訂閱制能成功發展，背後其實也有 D2C 的加持。舉凡索尼、蘋果、任天堂和特斯拉，在提供訂閱服務時，都是由業者與使用者直接聯繫、交易。

即使消費者在零售通路買到實體商品，後續服務還是要透過 D2C來執行，否則企業就無法從訂閱制中嘗到甜頭。倘若在操作訂閱制的過程中，還要讓第三者介入的話，那麼業者不僅會因為流通成本上升而導致利潤變薄，更會無法直接取得使用者的數據資料，尤其後者是很致命的問題。

數位化帶動的定額訂閱制，要透過直接提供服務給使用者，累積使用者在喜好、使用紀錄方面的數據資料，並運用這些資料打造出符合使用者喜好的服務，才算成立。企業依顧客喜好，不斷優化產品或服務的這種「個人化」（personalization）措施，是 D2C 才能做到的服務。

而有了個人化，使用者才會願意繼續訂閱。[7]

　　尤其是在數位時代裡的經常性收入模式當中，D2C 更是扮演了相當吃重的要角。企業在導入訂閱制之際，也必須建立 D2C 的體制。

獨家會員制

　　訂閱制要能成立的前提是，企業是否以會員制的思維為基礎，來看待使用者。因為所謂的定額訂閱制，其實也可以說是一種「會費」。

　　想讓顧客願意掏錢繳會費，就要準備會員優惠。市面上有太多製造業、銷售業的業者，只是毫無章法地推出訂閱制，完全沒有任何優惠。況且這些訂閱制提案，如果只是讓人覺得「划算」，而沒有祭出破盤低價來吸引使用者注意的話，使用者恐怕連看都不願意看一眼。

　　尤其是製造業的類訂閱制服務，都是以產品銷售的賣斷式價值獲取機制為基礎，幾乎等於是感受不到半點划算。況且如果再被發現訂閱制當中設有企圖加強約束力道的關卡，業者就再也爭取不到使用者的支持了。

　　那麼，企業究竟該怎麼做，才能讓訂閱制成立呢？答案是要跳脫單純只仰賴「划算」的價值主張。使用訂閱制的成員（訂戶）也是一種會員，希望企業給他們的價值主張，能與透過銷售模式購買產品的顧客截然不同。

　　舉例來說，網飛很早就致力於充實原創作品，這一點和其他影音串流平台很不一樣。只在網飛才能觀賞得到的影集，能讓會員備感尊榮。他們不只在歐美製播了《紙牌屋》（House of Cards）、《黑鏡》（Black

---

7　儘管顧客成功（Customer Success）是讓訂閱制持續發展的關鍵，但個人化也扮演了相當吃重的要角。詳情請參閱川上（2019）。

Mirror）等作品，《愛的迫降》、《梨泰院 Class》等作品，除韓國以外，在全球各地都是由網飛平台獨家播映，廣受全世界的會員喜愛。想觀賞這些系列作品的念頭，形成吸引觀眾訂閱網飛的動機，同時更是他們捨不得退訂的原因。

製造業、銷售業者如果也能在訂閱制當中，融入讓訂戶產生優越感的元素，那麼即使方案本身缺乏划算感，也能為消費者催生加入訂閱的理由。

以汽車的訂閱制為例，車商可構思活用現有資產的做法，比方協調全國經銷據點於非營業時間開放，當成訂閱會員專用的停車場，或者訂閱會員可把展售中心當成咖啡館使用等。儘管車商和經銷商是兩家不同的企業，在操作上難度的確比較高，但既然要推動所謂的會員優惠，就必須要有這種程度的決心才行。

更實際的方向，則是提供月付方案才有的價值主張最有效，也就是專為訂戶提供類似 SaaS（軟體即服務）的優惠，隨時更新，以提升車輛性能。

實際上，豐田旗下的 KINTO 已宣布要推動這項極具挑戰性的措施。這個方案，是要運用 KINTO 會員才能簽約訂閱的獨家車款「GR Yaris Morizo Selection」，讓車上的軟體可以升級。[8]

不過，KINTO 的這項措施，並不像特斯拉的 OTA，無法透過連網汽車直接更新數據資料，而是要把車開到鄰近的經銷據點，連上 KINTO 預先準備的裝置，將升級內容重新寫入軟體，是比較類比式的做法。儘管後續還有許多課題待解，不過願意開始推動只有訂閱制才做得到，又可讓訂戶常保新鮮感的措施，就已堪稱是一大進步。

---

8 《日本經濟新聞》2020 年 6 月 8 日早報報導。

要發展訂閱制，能讓付費訂戶感受到優越感的會員優惠，絕不可少。企業要懂得呈現出訂閱制的獨特性，隨時都把它包裝成一套有別於產品銷售的服務。

經常性收入模式和訂閱制，都是價值獲取當中的主題。但在實際導入時，絕不能不談與使用者之間的連結。因為光只有價值獲取，大多很難呈現出輕鬆自在和划算。而這個邏輯也可套用在其他任何一種價值獲取上，甚至是所有商業模式都適用。這種連結在商業模式上是一重大議題，所以我們留待下一節再更深入探討。

▶04.
訂閱熱潮對經常性收入模式造成的影響

訂閱制對社會所造成的影響相當巨大。尤其是自訂閱制開始流行之後，使用者對於訂閱制的認識，有了翻天覆地的轉變。他們認為每種價值獲取機制，都理所當然地既划算又輕鬆自在，更要對使用者有利。倘若企業沒有體認到此點，就貿然想變革為經常性收入模式，那當然不可能順利。以下就讓我為各位說明這件事。

◆調整收費時機

製造業、銷售業者發展訂閱制不如預期，是因為企業對於訂閱制的價值獲取機制，缺乏本質性的理解所致。

首先，各位必須要了解：以訂閱制為首的各種經常性收入模式，

價值獲取	概要	獲利邏輯
產品銷售	在所有產品的成本上，外加一定程度的利潤	0 0 0
定額訂閱制	每隔一段時間就向顧客收取定額使用費，細水長流地累積利潤	0 0 **1**
預付訂閱制	顧客預付使用費，讓利潤先落袋為安	0 0 **1**
計量訂閱制	依使用量多寡收取使用費，細水長流地累積利潤	0 0 **1**
回頭客	以「每一位使用者都會重複購買」為前提來創造利潤	0 0 **1**
租賃	用合約將顧客綁住一段時間，細水長流地賺取利潤	0 0 **1**
刮鬍刀模式	壓低產品本體的獲利率，拉高附屬產品的獲利率，細水長流地創造利潤	0 **1** **1**
免費增值	產品本身免費，但調高附屬品的獲利率，回著時間創造利潤	0 **1** **1**

都是透過調整收費時機來實現——也就是把原本「立即收費」的項目，調整為「細水長流地收費」。

　　接著，我要釐清調整收費時機的經常性收入模式當中，隱藏著哪些本質性的特點。

　　經常性收入模式，英文正式名稱為「Recurring revenue model」，意指「營收持續進帳的機制」。這裡我想請各位特別留意，「持續」究竟代表著什麼意思。

　　持續進帳的是「營收」，不是「獲利」，兩者不能混淆。營收不會自動冒出來，除非先預備好讓營收持續進帳的機制或推動相關措施，否則營收就不可能持續進帳。此外，就算營收會持續進帳，但企業也要懂得預測這些營收會在哪個階段轉成利潤，並將它融入經常性收入模式之中，否則價值獲取就無法立足發展成一項事業。

　　細水長流回收利潤是指，在調整收費時機所建立的經常性收入模式中，只要付費者不續用，業者就無法產生進帳。對於那些收費時機

為「0」，也就是向來都能回收到「立即性」利潤的製造業者而言，經常性收入模式絕不是輕鬆的選項。因為就算商品賣得夠多，每月平均營收也只有以往的數十分之一。況且距離回收利潤的那一天，還很久很久。

企業要把既往的價值獲取更換成訂閱制，表示獲利機制將出現很大的轉變。這一點各位一定要非常非常清楚。

我用圖表 6-7 說明本章出現過的所有價值獲取機制。從圖表中可以看出，「細水流長式」回收利潤的價值獲取，獲利邏輯的最後一個位數都是 **1**。

這些價值獲取的獲利邏輯，和收取「立刻性」利潤的產品銷售有根本上的不同。大家先對經常性收入模式有這樣的基本認識之後，我們再來看看訂閱制對經常性收入模式所帶來的影響。

◆訂閱制會一直都對使用者有利嗎？

我已在圖表 6-3 當中，呈現了經常性收入地圖。這張圖中標示了多種價值獲取機制，也包括了最受各界矚目的定額訂閱制在內。

和傳統的回頭客、刮鬍刀模式，以及租賃的經常性收入模式相比，定額訂閱制仍是對使用者好處多多的價值獲取機制，因而引人關切。免費增值也和定額訂閱制一樣，都是對使用者有利的價值獲取，兩者都乘著數位化浪潮而興起，受到各界關注。相較於使用者很熟悉的傳統型經常性收入模式，上述兩種價值獲取對使用者更有利，因而贏得了使用者熱烈的支持。

不過，如今對使用者來說，就連這些對使用者有利的價值獲取，

也都變得很稀鬆平常。考慮今後的價值獲取時，這是一個很值得深思的問題。定額訂閱制是於 2015 年開始在網路世界流行，免費增值則是在它的六年前，也就是 2009 年就受到矚目。

這些價值獲取自問世至今歷時已久，稱不上是令人耳目一新的概念。而訂閱制後來由於認知度上升，甚至還在 2019 年入圍了日本的流行語大獎。曾有一段時間，社會上不管什麼行業，只要導入訂閱制，就能吸引媒體關注，還能藉媒體曝光攬客。

然而，如今訂閱制已不再特別，就算企業導入，也吸引不了任何關注，地位已逐漸向傳統的經常性收入模式靠攏。我用經常性收入地圖說明訂閱制特色，是發生在 2019 年。在那之後，也已過了許久。

以往被認為對使用者有利的價值獲取，其實現在已被視為理所當然。我用圖表 6-8 呈現這個現象，請各位一起了解。

如果以原點斜上方延伸出去的那條界線來區隔，那麼定額訂閱制和免費增值會落在對使用者有利的位置上。不過，使用者已經看了好幾年這些服務，也都實際使用過了。

對於從懂事以來就一直接觸各式電子產品的年輕族群而言，這些概念恐怕是了無新意。在他們心目中，電玩遊戲當然要免費，音樂無限聆賞，電影、連續劇也都是想當然耳地無限觀賞。因為，對千禧世代和 Z 世代來說，定額訂閱制和免費增值早已是理所當然的價值獲取。

這個族群就連租賃和刮鬍刀模式，都已完全不覺得對自己有利。在他們所處的環境下，定額訂閱制和免費增值才是當然選項，對位在圖表更上方的租賃和刮鬍刀模式，根本感受不到絲毫的「輕鬆自在」和「划算」。

了解這一點之後，請各位再看看定額訂閱制和免費增值之間的位置關係。這時我們就會發現一條連結這兩者的線（圖中的箭頭虛線）浮現

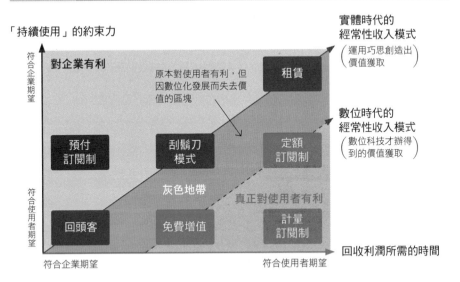

圖表 6-8　**數位時代下的經常性收入地圖**

「持續使用」的約束力

對企業有利

原本對使用者有利，但
因數位化發展而失去價
值的區塊

實體時代的
經常性收入模式
（運用巧思創造出
　價值獲取）

符合企業期望

租賃

數位時代的
經常性收入模式
（數位科技才辦得
　到的價值獲取）

預付
訂閱制

刮鬍刀
模式

定額
訂閱制

灰色地帶

真正對使用者有利

符合使用者期望

回頭客

免費增值

計量
訂閱制

回收利潤所需的時間

符合企業期望　　　　　　　　　　　　符合使用者期望

出來。這條線正是在數位時代裡，用來定義對讀者有利的新界線。

　　我們試著畫出一條符合數位時代的分界線，就會發現真正對使用者有利的價值獲取，只剩下計量訂閱制。顧客在導入計量訂閱制時，毋須負擔初期成本，後續再依使用量付費，繼續使用與否也是使用者的自由，對持續使用的約束力幾乎等於零。此外，當使用者完全不使用時，就幾乎完全不需付費，因此對企業而言，此方法是無法確定何時才能回收利益的。而它的運用也是因為數位化的發展，才變得輕鬆簡單的價值獲取。

　　一套價值獲取若不能為使用者提供這麼多好處，就無法維持對使用者有利的定位。

◆ 價值獲取在實體時代和數位時代下的定位

數位時代下的新分界線，看起來正好如租賃和刮鬍刀模式的位置角度相同。過去市場上認為租賃和刮鬍刀模式是最均衡的價值獲取；但如今的數位世代，則認為定額訂閱制和免費增值，才是最能平衡的價值獲取。

就「定額」的觀點而言，租賃和定額訂閱制其實是很相似的價值獲取機制，因為它們在「固定金額，按月收費，細水長流地賺足利潤」這點上是共通的。而刮鬍刀模式和免費增值也是很雷同的價值獲取機制，因為它們有「產品本體上不追求獲利，而是透過顧客長期使用，細水長流地賺取利潤」此共通點。在數位世代底下，付固定金額使用的產品就是定額訂閱制，而有使用才費用的商品，就是免費增值。

早期在銷售實體產品的時代下，形成了一條讓使用者和企業都受益的分界線。如今這條線因為數位化的發展，而平移到了由免費增值、定額訂閱制所構成的分界線。以往對使用者有利的分界線，如今卻轉變為對使用者和企業都有利，也就是所謂的標準分界線。

除非是落在這條分界線上，或是乾脆定位在分界線下方的價值獲取，否則使用者就不會產生反應。這代表傳統的製造業或銷售業，很難在這種使用者毫無反應的情況下創造利潤。

◆ 落入灰色地帶

不過，這裡我想請各位看圖表 6-8 上，在實體和數位時代的經常性收入模式分界線之間，有一個寫著「灰色地帶」的區域。所謂的灰色

地帶就是原本應該對使用者有利，但在數位時代裡卻被視為理所當然，使用者對這個區域的價值獲取機制也不再有反應。

換言之，灰色地帶是使用者的「漠不關心區」。各位不妨回想公司目前已導入，或者是曾導入、但已退場的訂閱制，是否多數都落在這個灰色地帶。

灰色地帶反映了一個重大的問題：在經常性收入模式當中，除了使用者毫無反應的「企業有利區」，和使用者會覺得很開心的「使用者有利區」之外，還有此棘手的區域。即使企業自認對使用者有利，而在灰色地帶設定了某些價值獲取機制，但因訂閱制和免費增值的熱潮興起，使用者彷彿被下了詛咒而漠不關心。於是，真正對使用者有利的區域，就變得更窄了。

汽車、家電，還有其他製造業挑戰過的訂閱制，絕大多數都落入了灰色地帶。只要業者想稍微加強約束力道，即使還不到租賃的程度，也會馬上落入灰色地帶。又或者是收取解約收手續費等措施，也都會落入灰色地帶。因為這些舉動會加快企業回收利潤的速度，所以都會讓價值獲取往圖表的左側靠攏。

公司導入的定額訂閱制，是否在不知不覺間加強了約束力道，而往租賃靠攏了？或者是變成了一套在訂閱之初，要先繳納高額的入會費、保證金，違約時要罰款的機制？還是太急著回收利潤，造成月付金額變得高不可攀？這些都是把定額訂閱制推向灰色地帶的行為。

以往透過產品銷售來獲取價值的製造業者，很難虛心導入定額訂閱制，即使精心打造出對使用者有利的價值獲取方案並實際導入，最後還是會想把整套機制往對企業有利的方向推進，於是馬上就又落入灰色地帶。許多數位企業把定額訂閱制運用得淋漓盡致的結果，反倒對製造業者來說，成了窒礙難行的局面。

▸ 05.

製造業該如何活用訂閱制？

製造業或銷售業者希望透過訂閱制創造績效，固然還有問題待克服，但還是值得推動。因此，這裡我要針對如何妥善運用經常性收入模式，提出具體的方法。

◆ 邁向數位時代下的全新經常性收入模式

第一個方法是要結合產品銷售與定期服務，自行設計、打造出新的價值獲取機制。換句話說，就是要融合傳統和嶄新的分界線（請參考圖表 6-8）。

企業要做的，不只是拿出幾個已確立的價值獲取機制來同步推動，而是要回溯這些價值獲取的收費點程度，再由此出發重新規畫全新的價值獲取機制。

實際上，這樣的模式已經存在。其基本形就是以刮鬍刀模式銷售產品。亦即，不期待銷售產品本體所帶來的利潤，而是靠附屬品或消耗品獲利。與刮鬍刀模式的差異，在於其定額訂閱制供應的不是附屬品或消耗品，而是軟體。

這就和在所謂的「SaaS plus a box」[9] 商業模式之下，所發展的價值獲取機制一樣。業者先把硬體產品賣給使用者之後，再透過軟體即服務

9　此名稱有時會用來當成價值創造或商業模式。

的形式，供應軟體。

硬體耗費的邊際成本高，故採取產品銷售模式；SaaS 的邊際成本低，故以定額訂閱制供應。兩者從一開始就設計成一套互相融合的價值獲取機制，而不是日後疊加上去。

想為硬體設定吸引人的價格，就要把它當成至少能賺回成本的收費點；再把毛利率高的數據或服務包裝成訂閱制，打造出能定期貢獻利潤的機制。如果要取名，那這套價值獲取機制，可稱為「定額刮鬍刀模式」。

日本製造業者推出的訂閱制，往往是想以訂閱形式供應耐久財的本體產品，也就是讓使用者按時為汽車或家電等商品繳付固定金額，以從中賺取利潤。可是這樣的做法，與租賃或保證殘值型融資租賃並無不同。

製造業者要做的，不是把過去用來賣斷銷售的產品，改以分期付款方式供應，而是要透過訂閱制來提供服務，以提升使用者在使用產品時的使用價值。這套做法，目前正以「定額刮鬍刀模式」的型態，逐步萌芽發展。

派樂騰

最懂得巧妙運用定額刮鬍刀模式的企業，就是有「健身界蘋果」之稱的派樂騰（Peloton Interactive）。他們以這一套價值獲取機制為基礎，成功推動了 SaaS plus a box，讓整家企業出現了飛躍性的成長。

在新冠病毒的疫情影響下，全球處處都在封城，人們被迫留在室內運動，使得派樂騰大受矚目。2020 年 1 月到 12 月，派樂騰的付費會員從 56 萬人增加到 109 萬人，人數翻倍成長，總市值更成長到原本的六倍之多。

派樂騰供應的，其實就是所謂的室內用飛輪車（Peloton Bike）和跑步機（Peloton Tread）。這些健身器材的把手上，都設有像平板電腦的觸控面板，隨時連線上網。

使用者不僅可以在這些器材上看到派樂騰定期且頻繁更新的原創影片，還提供教練從健身房直播的畫面，讓使用者即時參與運動。派樂騰還設計了溝通系統，讓分散在各處的使用者可參加同一堂課程，還可在線上互相打氣。此外，由於所有使用者都是透過健身器材連線，故可藉此交友，也可參加同好社群。

使用者以約 2,000 美元的價格，購買了派樂騰的飛輪車或跑步機之後，還會再加入月付 39 美元的定額訂閱制。不使用器材的使用者，派樂騰也可以月付 12.99 美元的價格提供健身影片。派樂騰巧妙地搭配運用產品銷售和定額訂閱制，確立了一套價值獲取機制。

索尼集團

運用定額刮鬍刀模式所建立的價值獲取，在各行各業都已展現了成果。索尼集團的華麗轉身是經常性收入模式在全日本最成功的案例。幕後功臣是 SaaS plus a box 的商業模式。

以索尼的 PlayStation（PS）為例，很多玩家在購買商品本體之後，都選擇加入訂閱制服務，也就是月付 850 日圓起就可使用的 PlayStation Plus。它是 PS 的一款擴充功能，讓玩家可在線上與全球各地的玩家連線交流。尤其玩電競的玩家，更是必須加入。

除了 PS 之外，索尼集團還很積極地把這個價值獲取機制，套用到其他產品上。2019 年 1 月上市的愛寶（Aibo，索尼研發的電子寵物狗），產品本體售價約 20 萬日圓，另外還以月付約 3,000 日圓的訂閱制方案，為玩家提供升級服務。

這麼一來，索尼集團以製造業者的角色為基礎，巧妙運用定額刮鬍刀模式，完整地實現了經常性收入模式。結果此舉更讓索尼自 2019 年度起，獲利屢創新高。尤其在疫情嚴峻的 2021 年，更繳出了亮麗的財報，稅後淨利突破一兆日圓大關。

其他應用形式

在 SaaS plus a box 的商業模式當中，除了「刮鬍刀模式 × 定額訂閱制」之外，還有很多不同價值獲取模式的結合。比方像「刮鬍刀模式 × 計量訂閱制」，也是一例。

在索尼的 PS 上，除了定額制的 PlayStation Plus，也提供了隨時都可付費的下載型遊戲。換句話說，其實就是採取了計量訂閱制。而如今這樣的價值獲取機制，在家用電視遊樂器的領域中，已成常識。

另外，我在第 2 章當中介紹過蘋果的「裝置 × 提供服務」，其實這也是一種 SaaS plus a box——銷售 iPhone 或 iPad，再透過定額刮鬍刀模式賺取利潤。為了在銷售產品之外，爭取更高的獲利率，蘋果推出了 Apple Music 和 Apple TV+ 等數位服務，發展 SaaS，並透過定額訂閱制來獲取價值。

就連以往想憑產品銷售賺取高額利潤的蘋果，如今在規畫價值獲取時，都已額外加上 SaaS 訂閱制挹注的利潤。尤其在蘋果推出 Apple One，並展現出有意加強發展訂閱制的態度上，就可以看出這樣的策略腳本。

製造業在數位時代下的經常性收入模式

在數位時代下，製造業若想成功發展訂閱制，有一個必須留意的重點。那就是要透過訂閱制，來供應邊際成本低的產品；而不是明明

號稱訂閱制，採取的卻是租賃的形式。

初期先試著定期供應一些高毛利的附屬品或消耗品也無妨，但由於企業還要加上物流等龐大的費用負擔，所以這個方法遲早會行不通。因此，選擇以購買後會需要的升級或數位服務來發展訂閱制，會比實體產品的訂閱更有效益。

在評估這種操作手法時，產品和服務必須明確區分清楚，各司其職。圖表 6-9 就能說明這個道理。

舉例來說，派樂騰或 PS 就是以結合「刮鬍刀模式 × 定額訂閱制」而成的「定額刮鬍刀模式」，來作為他們的價值獲取機制。這個組合在供應產品時，是以位在傳統經常性收入模式分界線上的「刮鬍刀模式」來規畫；而數位化服務則是採用了位在新經常性收入模式分界線上的「定額訂閱制」。實體產品就用實體產品分界線上的價值獲取，數位服務就用數位時代分界線上的價值獲取，來搭配組合。

另外，由於計量訂閱模式，才是真正位在「對使用者有利」定位上的價值獲取機制，所以我們可以確定「刮鬍刀模式 × 計量訂閱制」的組合也是有效的。如此一來，我們就能重新認識家用電視遊樂器的價值獲取究竟有何意義。

此外，我們還可以再設想其他的價值獲取。例如，在產品上用租賃，搭配定額訂閱或計量訂閱的價值獲取機制。其實這樣的操作，在電信業者銷售行動電話的手法上，或是經物聯網化的辦公室影印機等，都可以看得到。

智慧型手機用的是「租賃 × 定額訂閱制」。業者在手機本體上是以租賃或保證殘值型融資租賃的形式，和用戶簽訂一份在幾年內還清的合約。該筆費用會連同手機門號月租費和其他定額服務使用費，每月向用戶請款，細水長流地回收利潤。而辦公室的影印機則是「租賃

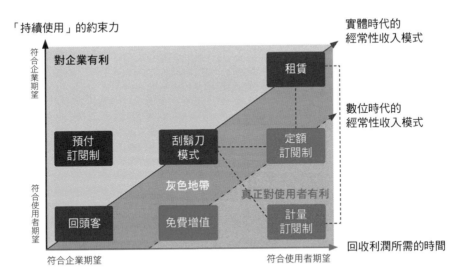

圖表 6-9　產品與服務分別使用不同的分界線

「持續使用」的約束力

實體時代的
經常性收入模式

對企業有利

符合企業期望

租賃

數位時代的
經常性收入模式

預付
訂閱制

刮鬍刀
模式

定額
訂閱制

灰色地帶

真正對使用者有利

符合使用者期望

回頭客

免費增值

計量
訂閱制

回收利潤所需的時間

符合企業期望　　　　　　　　符合使用者期望

╳ 計量訂閱制」。這種價值獲取機制，是以產品主體費用的租賃，搭配使用張數的計量收費，細水長流地回收利潤。

　　上述這些都是製造業、銷售業者在數位時代下，成功發展訂閱制的最佳解答之一。今後，製造業應能透過巧妙運用類比和數位這兩條分界線，找到該追求的理想目標吧。

▶06.
數位時代下的經常性收入模式

　　訂閱制和免費增值都是在數位化的時代背景下，發展一日千里的價值獲取模式。時至今日，距離免費增值和訂閱制問世到現在，已經

過了好一段時間，業者、使用者究竟想從未來的經常性收入模式當中得到什麼？接下來，就讓我們試著探詢出方向。

◆ 數位時代下的經常性收入模式，是以「保證」為前提

首先，請各位看到圖表 6-8 當中，由回頭客、刮鬍刀模式和租賃所組成的這一條傳統分界線。約束力和回收利潤所需時間都為 0 的交會點，亦即回頭客的價值獲取，正是經常性收入模式的原點。畢竟經常性收入模式的本質，其實就是要思考如何避免造成使用者的不愉快，以便讓他們願意持續付費。

至於數位時代的分界線，約束力則又比傳統分界線更弱了一點。從租賃走到定額訂閱制，或從刮鬍刀模式走到免費增值，看得出都是在處理回收利潤所需時間的問題。在數位時代下，儘管費用負擔程度相同，但定額訂閱制就是比租賃的約束力更弱，而免費增值也比刮鬍刀模式的約束力更小。

那麼，在數位時代下用來對應回頭客的，又是哪一個價值獲取呢？請各位看圖表 6-10。當我們把數位分界線再繼續往下延伸之後，就會出現一個約束力比回頭客更弱的價值獲取機制，那就是在數位時代下堪比回頭客，同時也是最根本的價值獲取——「保證」。

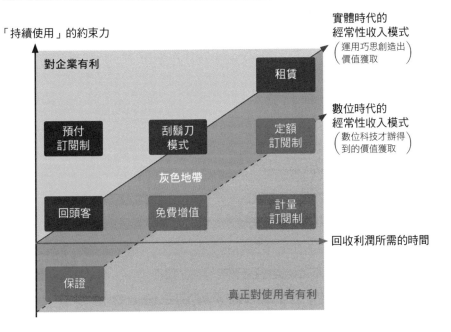

圖表 6-10　從全新分界線類推出價值獲取機制的特點

「持續使用」的約束力

對企業有利

預付
訂閱制

刮鬍刀
模式

租賃

實體時代的
經常性收入模式
（運用巧思創造出
價值獲取）

灰色地帶

定額
訂閱制

數位時代的
經常性收入模式
（數位科技才辦得
到的價值獲取）

回頭客

免費增值

計量
訂閱制

回收利潤所需的時間

保證

真正對使用者有利

◆「保證」這種價值獲取機制

如前所述，在實體時代的經常性收入模式當中，那條分界線的本質，其實是在於「持續使用的約束力」和「回收利潤所需時間」均為 0 的回頭客上，更是在於思考如何避免造成使用者的不愉快，以便讓他們願意持續付費。

而在數位時代下的思維，其實也一樣。至於相當於回頭客的，就是「保證」這個價值獲取機制。事實上，不論是免費增值也好，定額訂閱制也罷，都是奠基在「保證」這個根柢之上。因為，在每一個價格獲取機制當中，都備有「保證」這項功能。

在數位時代的分界線上，就連對持續使用約束力最強的定額訂閱制，使用者只要對內容不滿意，哪怕只是花點小錢就能持續使用的服務，也都可以隨即解約。就「可先看內容，再決定是否持續使用」的角度而言，業者就是在向使用者保證。

至於免費增值當中的「保證」，則偏重在「內容保證」的意涵上。說穿了，在免費增值機制當中，使用服務本來就是免費，想續用或升級才要付費。若使用者對內容不滿意，不再使用即可。這樣做也等於是可供使用者看過內容之後再付款，所以是對內容有保證的。

接下來就要請各位看看經常性收入地圖當中，出現在數位時代的分界線上，且對持續使用約束力最低的「保證」。「保證」對持續使用與否的約束力，竟然比 0 分還低，也就是負值。

「約束力為負值」意指企業會應使用者要求而被約束。財務上有所謂的「選擇權」（option），而在這種情況下，企業和使用者之間的關係，就像是選擇權的買方和賣方。賣方收取權利金後，將選擇權交給買方；若買方要行使選擇權，賣方就必須聽從買方的要求。而這一連串的過程，我們統稱為「保證」。

在此，我們就來設想一個融入「保證」的價值獲取機制。

以「保險」為例，保險的賣方雖然可以收到保費，但買方只要一行使權利，賣方就必須負起聽命行事的義務。這樣的關係再更進一步發展下去，就會成為「品質保證」。

所謂的品質保證，就是當使用者不滿意自己購買的產品時，企業會在一定期間內提供退款或退貨等形式的保證行為，是一種在產品上附加某些保證選項，並向使用者收取對價的價值獲取機制。市面上那些事前附加型的保固方案，就是屬於這一類的操作。業者會把保證方案融入產品，一併銷售。

業者和使用者間必須要有相當穩固的關係，甚至要比在回頭客機制當中更好，「品質保證」才能成立。因為即使這筆品質保證的費用，是在業者售出產品時就會請使用者付款的，但直到使用者順利地用產品解決自己的任務之前，業者都不能掉以輕心。而在這段期間，業者必需與使用者保持良好的關係。倘若業者在此事上還要配置人力來負責承辦的話，成本就會墊高。不過，在數位時代裡，這項業務可透過物聯網或 SaaS 進行數位化管理，執行上比以往需要的成本更低。

在數位時代裡，使用者具有壓倒性的強勢地位。在定額訂閱制、免費增值已成常態的今天，實際使用產品並評鑑好壞過後，使用者會決定是否繼續為該項產品付費。

數位時代下的付款，就是所謂的「來看看，喜歡再付錢」。如此，即使是回收利潤所需時間為 0 的「一次付清款項」，還是會被要求做到「品質保證」。而這在數位時代的價值獲取當中，已是前提重點。[10]

換言之，即使是交易時一次賣斷的回頭客機制，未來業者也要提供保證。和原先想像不同就可退費、用過覺得不需要就可退貨。此由業者在一定期限內提供諸如此類的保證，恐怕將成為未來的標準常態。

這些保證當然不是免費奉送。業者可在產品價格上，外加些許保證，再訂定價格，也就是把「保證」當成營收來源，搭配產品一起銷售的價值獲取機制。

10　Berger（2020）也曾在探討如何降低消費心理的門檻時，提過這一點。

◆製造業和銷售業者該如何履行保證？

在數位時代下，要讓前面探討的「保證」機制順利運作，前提是業者要能掌握使用者絕大部分的行為。保證方案裡畢竟不能有誇大不實的內容。要是企業沒掌握使用者在一般使用範圍內曾發生哪些故障，使用狀況如何，那麼保證制度對企業來說，就是一套碰不得的危險工具。

要協助企業釐清這個問題，其實數位科技很能派得上用場。只要能監測使用者的使用狀況和使用方法等，保證制度應該就能順利運作。而且保證制度不能只是拿來當成一波宣傳，而是必須展現企業負責的態度，將保證制度昇華成一種價值獲取才行。

請各位回想蘋果的產品。在蘋果的直營門市購物，14 天內都可退貨，就是對價值獲取所附的保證；亞馬遜也有購買後 30 天內可退貨的機制。其實以這種保證機制為號召的企業並不多，而服務業近年來倒是多了不少保證退費的業者。

電商平台就以這樣的保證制度為基礎，積極鼓勵使用者回購。這要在使用者的帳號管理、線上購物紀錄，以及產品異常紀錄等數據資料齊備的情況下，才能正常運作。而現代社會條件俱足，因此能實現。

若要將保證制度塑造成一種價值獲取機制，那麼和價值創造的關係也不可或缺。當產品的使用者介面（User Interface，UI）或使用者體驗（User Experience，UX）欠佳時，會讓使用者徒增煩躁；不夠堅固耐用的話，使用者馬上就會想拋棄產品。此外，負責面對使用者的業務團隊應對好壞也十分關鍵。還有，在使用過程中遇有故障等情況時，後勤客服是否應對得宜，更是至關重要。

綜上所述，業者對使用者的保證，必須是在研發、生產、業務、客戶支援或客戶成功等企業的主要活動全都落實執行後，方能成立。只要有其中一個項目出問題，保證就無法運作。

　　「保證」這項價值獲取，會把事業最根本的課題攤在業者面前。而業者應該會因此察覺到，所謂的保證制度並非是只憑價值獲取就能處理的課題。在數位時代下求生的製造業和銷售業者，需認真看待「保證」此商業模式。畢竟如今這個時代，唯有能認真看待保證制度的企業，才能存活。

07.
從價值獲取到商業模式

　　經過以上的探討，我們可以看到兩個現象鮮明地浮上檯面：製造業和銷售業者以往那一套「賣了就結束」的思維，如今是多麼不合時宜；而和購買產品的使用者之間的連結，又是何等重要。

　　要將收費時機的開關改為 ，不只要調整企業的價值獲取機制，更必須從根本出發，改革整體事業。此對企業所造成的震撼之大，由此可見一斑。尤其是對於過去全憑產品好壞定勝負的製造業和銷售業者來說，更將是價值觀的一大轉折點。

　　光是改換價值獲取機制，從產品銷售轉型為訂閱制，還稱不上是盡善盡美。價值獲取要和價值創造搭配，才能創造出成果。同樣地，透過調整獲利開關來改變價值獲取模式，其實就意味著迫使企業在價值創造上做出變革。價值獲取無法單獨運作，而是會影響價值創造，甚至影響整個商業模式的議題。

在下一章當中，我們將進入本書的最終章，我會針對包括價值獲取在內的商業模式變革，再做一些說明。

邁向商業模式的創新之路

本書已闡述了企業的獲利創新，也就是從現行的價值獲取，改革為全新價值獲取的一連串過程。然而，單憑價值獲取，無法創造出驚天動地的成果，要搭配價值創造，才能結出「商業模式創新」的果實。

▶01.

從全新價值獲取邁向價值創造

昔日曾風光引領全球發展的日本製造業者，若想從價值創造再更突飛猛進，催生出鉅額利潤，就該改變對賺取利潤的想法。我以此問題意識為基礎，在本書呈現了企業如何透過獲利創新、催生全新價值獲取的系統脈絡。

企業要實現獲利創新，就要用新觀點來重新認識創造利潤的方法。我已呈現下述概念：從收費的概念出發重新認識營收，進而發展多元營收來源的思維；接著，為了讓這些新出現的營收來源最終能創造出價值獲取機制，需要盈利化的思考方式（圖表 7-1）。

如果更直言不諱的話，我認為只想押寶在產品銷售上，希望從中賺取營業淨利的製造業和銷售業者，價值獲取都太單調、單一。這些企業找來的工程師和業務團隊再怎麼高明，再怎麼大舉引進數位科技，致力塑造創新的價值創造，結果這些努力，最後還是只能反映在價值獲取機制上，所以才無法產出相應的營業淨利。

又或者是企業的價值獲取機制太過傳統，無法因應數位時代的價值創造，因而限縮了價值創造的可能。於是，本來業者應得的營業淨利，全都落到其他企業手裡，甚至還可能讓外國企業占了便宜。

不過，如果我們換個角度想，就能看到截然不同的世界。畢竟當

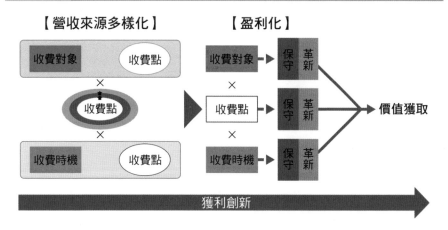

企業擁有充分的彈性，足以轉換到更創新的價值獲取機制時，就能用目前的這一套價值創造，創造出更多營業淨利。先想像能賺進多龐大的利潤，再將價值獲取機制改革成最合適的方案，應該就能拿掉想法的限制，誘發出類拔萃的價值創造機制。

我用圖表 7-2 表示上述價值獲取與價值創造之間的關係。從圖中應可看出：價值獲取反映了價值創造，而價值獲取又推動了價值創造的發展，兩者呈現雙向的關係。價值獲取可能局限、卻也可能開拓價值創造的視野。

作為本書結尾，本章要針對前面介紹過的獲利創新，為各位說明它在商業模式當中的意義，以及在這些意義之下，該如何調整我們面對價值創造的方式。

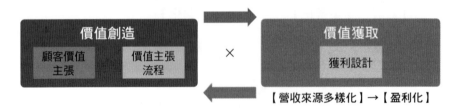

圖表7-2　**價值獲取引出價值創造的可能性**

價值創造

顧客價值主張　價值主張流程

×

價值獲取

獲利設計

【營收來源多樣化】→【盈利化】

02.

改變對獲利的看法

　　所謂的商業模式，是指「企業在讓顧客滿意的同時，又能創造營業淨利的機制」。而它是由前面說明過的價值獲取和價值創造合為一體後，同步運作的體系，缺一不可。

　　企業在思考商業模式時，「創造營業淨利」的價值獲取是實務上最最重要的觀點。而在從理論角度談商業模式時，實際上，價值獲取卻往往是最少著墨的部分。

　　尤其在製造業或銷售業，大家只差沒說「只要妥善規畫由『顧客價值主張』和『價值主張流程』所組成的價值創造，利潤自然就會源源不絕」。然而，就是這樣的觀念，拖累了企業的營收表現，更妨礙了製造業、銷售業者的商業模式進化。

◆ 價值創造的利潤

所謂的價值創造，是指企業為解決顧客的任務，而提報產品或解決方案的「顧客價值主張」，以及既有效果又有效率地生產產品或方案，並送到顧客手上的「價值主張流程」。企業藉由向顧客提案價值主張，並實際提供來賺取營收，進而獲取營業淨利。這就是在價值創造中，創造營業淨利的方法。

在「顧客價值主張」當中，最首要的問題，莫過於營收（銷售額）了。業者設定為目標族群的主要顧客，究竟在多少價位時才願意購買主要產品？以此為基礎，評估主要顧客的市場規模，以及他們心目中的願付價格之間的關係，訂定出能讓營收規模極大化的價格，至關重要。於是各位就會看到我們很熟悉的那一套營收計算，也就是用價格（P：price）乘以銷售量（Q：quantity）。

接著，在「價值主張流程」當中會釐清成本。在這個階段，會弄清楚企業為實現顧客價值主張，需要在設備上進行多大規模的投資，進貨成本及生產成本的花費多寡，還有需要多大規模的業務團隊來推廣、銷售。

評估這些成本和投資因素還能精省多少之後，接下來的問題，就是成本（V：variable cost）、營運費用（F：fixed costs）和投資（I：investment）了。

這種由顧客價值主張和價值主張流程構成的價值創造，可用營業淨利（Op）和投入資本報酬率（ROIC），推算出成果。我將上述內容整理如公式 7-1 和公式 7-2 所示。

$$Op = (P - V) \cdot Q - F \qquad （公式 7\text{-}1）$$

$$ROIC = \frac{Op}{I} \qquad （公式 7\text{-}2）$$

公式 7-1 是最經典的獲利計算公式。它呈現出企業若想創造更多營業淨利，方法不是提高售價、就是降低成本，否則還可以增加銷售量，或壓低固定費。

不管在哪個製造或零售現場，這公式都是獲利的指導原則，烙印在每個從業人員的腦海裡。此外，經營團隊會把每個事業當成一件投資案來看待，所以會檢視商業模式的成果指標 ROIC，也就是公式 7-2。

不過，如果您是一路讀到這裡的讀者，想必已經發現這道公式是以產品銷售的價值獲取為基礎。換句話說，這個狀態下所賺得的利潤，還沒有對可從價值創造獲取的利潤做出絲毫耕耘。

說得極端一點，這裡還沒用上價值獲取的概念，是一種「無」的價值獲取機制──沒多做任何考慮，沒多加任何用心巧思，是每個企業下意識使用的價值獲取機制。在本書當中，我將這樣的獲利邏輯稱為 ⓪⓪⓪，其實原因就在這裡。

而從這些論述當中，我們也可以看出：許多製造業、銷售業的業者，其實都只憑著 ⓪⓪⓪ 這一套簡單的價值獲取在市場上征戰，也就是只會「用主要產品，向主要顧客，收取立即性利潤」。

當我們請大企業的經營者用商業模式一詞，說明事業的運作機制時，他們大多側重價值創造的話題，幾乎完全不提價值獲取。這個現象，其實有上述的背景因素。

反之，數位企業因為沒有實體產品，所以只能在價值獲取模式上多花巧思，創造利潤。因此，數位企業總能在他們的商業模式當中，巧妙地改變價值獲取模式，同時又改變價值創造，還能熱烈地討論價值獲取機制。

製造業和銷售業者，現在不僅要和數位企業這些後起之秀對抗，而且光憑 ⓪⓪⓪ 這一套價值獲取，換言之就是在價值創造上所做的努

圖表 7-3　商業模式當中的獲利議題

商業模式的構成要素		目的	和獲利的關係
價值創造	顧客價值主張	向設定為目標客群的主要顧客，提報最合適的產品	營收的變數 ——售價、銷售量
	價值主張流程	建構價值主張所需的一連串事業活動，並投入資金	成本的變數 ——變動費、固定費、投資
價值獲取	獲利設計	設計賺取營業淨利所需的機制	獲利方法 ——八種獲利邏輯

力，根本不可能打完整場仗。而這也就是本書用獲利創新來貫串全書的用意所在。

　　至少把已經備好在商業模式上、但尚未妥善運用的價值獲取好好發揮，就必定能從價值創造當中，孕育出比以往更豐碩的成果。

◆「獲利創新」改變你對商業模式的看法

　　商業模式當中有兩個要素：一是「顧客價值主張」和「價值主張流程」所構成的價值創造；另一個則是我在本書中詳加解說的價值獲取。如果我們把價值創造和價值獲取攤開，從獲利的觀點上來看，就能更鮮明了解獲利創新的意義。我把這一段論述匯整為圖表 7-3。

　　當企業想用價值創造來總結整個獲利創造方式時，獲利邏輯就跳脫不了 ⓪⓪⓪。因為這時企業的獲利，會被自動定義為「用『顧客價值主張所帶來的營收』，減去『由價值主張流程所決定的成本』」。

　　而在價值獲取機制當中，我們能看到可向外擴展獲利方法的世界。那是我們在價值創造領域一路思考獲利迄今，從來不曾想像過的

廣大世界。在我們探討商業模式的議題之際，如果找不到企業獨有的獲利方法，請各位不妨看看是否缺少了這種價值獲取的觀點。除了 □□□ 以外，獲利邏輯還有好幾種豐富的選擇，能讓獲利方式更「廣納百川」，進而為企業的下一步帶來重大的啟發。

或許有些企業認為關於獲利方面的議題，以往內部已經充分討論過了。然而，大家談的都是價值創造的結果，所以到頭來，恐怕還是只會局限在 □□□ 的世界裡打轉吧。

我們公司以往都怎麼創造利潤，或今後該如何創造利潤，這些更本質性的討論，一路走來進行到何種程度了呢？直接切入諸如此類的議題才是價值獲取的討論。

如今，成長氣勢如虹的企業，考慮的不只是價值創造，連價值獲取的創新，都仔細思考得清清楚楚。只要各位能理解這一點，想必就能對獲利創新的定位有更鮮明的認知。

◆ 獲利創新就是改變獲利邏輯

其實在 □□□ 的世界當中，企業並非完全沒有考慮過如何創造利潤。請各位看看公式 7-3。

$$ROIC = \frac{Op}{I}$$

$$= \frac{Op}{S} \cdot \frac{S}{I}$$

（公式 7-3）

公式 7-2 算出來的 ROIC，是用來呈現商業模式推動的成果。而再將公式 7-2 拆解成營業淨利率（Op／S）和資金周轉率（S／I）之後，

就成了公式 7-3。有了這道算式之後，通常企業就會選擇要重視獲利率，還是周轉率，又或者構思兼顧兩者的獲利方法。

在商業模式的脈絡當中，固然也呈現了這種創造利潤的方法，[1]但那只不過是用著眼於產品銷售的獲利邏輯 ⓪⓪⓪ 所列出來的方程式。企業要先明確訂定價值獲取的定位，才會發現其他獲利邏輯的存在。

獲利邏輯 ⓪⓪⓪ 的產品銷售，只不過是八種獲利邏輯的其中之一，其他還有七種獲利邏輯，每一種都可能有五花八門的獲利方程式。

在獲利邏輯的概念當中，我們聚焦在收費對象、收費點和收費時機這三個要素上，並藉由三個要素彼此搭配組合，來讓企業創造利潤的方式更多元。

例如，我在第 6 章曾介紹過一些利用收費時機多樣化所發展出來的獲利邏輯（尤其是 ⓪⓪❶、⓪❶❶）。在這些獲利邏輯的領域裡，運用經常性收入模式時，以最合宜的幾項指標為基礎，組合出了獲利方程式。說得更具體一點，其實就是運用了下述獲利邏輯的獨家指標所展開的獲利方程式，包括「每月經常性收入」（MRR）[2]、「年度經常性收入」（ARR）[3]、「使用者平均營收貢獻值」（ARPU）[4]和「顧客流失率」（Churn Rate）等。[5]

1　Johnson（2010）當中，將獲利方程式（profit formula）列為商業模式的構成要素之一。文中說明了本段介紹的公式 7-3 該如何賺取利潤，但內容仍不脫本書所謂 ⓪⓪⓪ 的範疇。

2　Monthly Recurring Revenue 的簡稱，以單月統計的經常性收入，用來預測未來的營收。

3　Annual Recurring Revenue 的簡稱，以每年統計的經常性收入，用來預測未來的營收。

4　Average Revenue Per User 的簡稱，平均每位使用者貢獻的營收。

5　關於本段內容，川上在（2017）當中做了很詳盡的描述，敬請各位參照。

再者，在收費點多樣化的領域裡（尤其是 `010`、`011`），組合出的是包括免費（free）經濟在內的獲利方程式。具體而言，這裡特別看重的是活躍使用者（Active Users）人數、每位付費使用者平均營收（ARPPU，付費使用者平均付費金額）[6] 和付費率（PUR，付費使用者在整體使用者當中的占比）[7]。

還有，在收費對象多樣化的領域裡（尤其是 `110`、`111` 的平台），要掌握各種各樣的收費對象，組合由活躍使用者和收費金額所組成的指標，發展出獲利方程式。

或許有些人覺得，這些在數位企業常用的關鍵績效指標（KPI）和獲利方程式，與製造業、銷售業所用的經濟原理截然不同，簡直就像兩個世界，但其實不然。

只要從既往那一套 `000` 出發，透過獲利創新來改變價值獲取機制，那麼不論是對製造業或銷售業來說，這些指標和方程式都會是很有用的工具。實際上，像是雖為製造業者，獲利邏輯卻與同業截然不同的特斯拉；或是隸屬銷售業，獲利邏輯卻與同業天差地遠的亞馬遜，都很積極地在運用上述這些獲利方程式。

只要以獲利創新為前提，現在各家企業都要配合自己適用的獲利邏輯，選用最佳獲利方程式，自行打造一套合適的創新工具。

創造利潤的方法五花八門。只要拿出獲利邏輯，就算是異國他鄉的獲利方程式出現變化形，也能分析得清清楚楚。而在商業模式當中，價值獲取扮演相當吃重的角色。

6　Average Revenue Per Paid User 的簡稱，它和 ARPU 不同，是以付費會員人數為分母。

7　Paid User Rate 的簡稱，付費使用者在全體使用者當中的占比。

我想不出價值創造的新花招，能用的奇想妙計都用過，山窮水盡啦！現在就哀聲嘆氣，恐怕還太早了一點。只要透過價值創新，帶領企業從 $\boxed{0}\boxed{0}\boxed{0}$ 奔向其他獲利邏輯的世界，就會看到許許多多創造利潤的方法。

▶ 03.
開拓對價值創造創新的視野

很多人往往都認為獲利創新的功能，主要是側重在改變獲利結構，甚至是增加利潤。事實上，它的功能不僅止於此。

其實，獲利創新還能大幅開拓我們價值創造方面的視野。

◆ 價值創造與價值獲取的搭配組合

蘋果、亞馬遜、特斯拉、好市多和網飛等企業，都不是只憑價值創造的創新，就創造出傲視群倫的經營成果。誠如各位在第 2 章所見，價值獲取也有它的特色。換言之，刻意保持獲利創新的體制，其實就是在拓展價值創造的各種可能（圖表 7-4）。

一個產品儘管概念再好，在市場上贏得的支持再怎麼熱烈，只要它的價值獲取停留在 $\boxed{0}\boxed{0}\boxed{0}$，那麼企業就只能回收應得成果（營業淨利）的一部分。企業要備妥一套價值獲取，能將價值創造的優點發揮到極致，才能讓整個商業模式帶來大展鴻圖的豐碩成果。

商業模式當然不是光有價值獲取機制就能運作。倘若價值創造粗

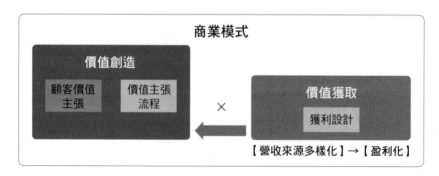

圖表 7-4　**價值獲取能讓價值創造大展鴻圖**

商業模式

價值創造
- 顧客價值主張
- 價值主張流程

×

價值獲取
- 獲利設計

【營收來源多樣化】→【盈利化】

糙簡陋，那麼就算再怎麼努力推動獲利創新，能展現的成果仍是相當有限。

　　當企業已備妥完善的價值創造，仍遲遲無法創造利潤時，或者隸屬於成熟業界，遲遲無法在價值創造上使出創新的高招時，推動獲利創新才有意義。

　　這時，我可以提供各位一些思考靈感——那就是同樣的價值獲取，搭配上不同的價值創造，就會成為不同的商業模式。請各位參考圖表7-5。

　　首先在圖表的上半部，呈現的是歸類在獲利邏輯 [0][1][1] 的價值獲取「刮鬍刀模式」，在搭配不同的價值創造之後，所形成的商業模式。從圖中可以看出：同樣是 [0][1][1] 的價值獲取，搭配以「刮鬍刀」產品為基礎的價值創造，就變成吉列模式（Gillette model）；跟電視遊樂器搭配，就成了紅白機模式（Famicom model）；配合影印機，就成為全錄模式（Xerox model）等，會形成截然不同的商業模式。

　　刮鬍刀模式一如其名所示，是刮鬍刀本體搭配替換刀片的始祖。相傳這一套價值獲取機制最早是金・坎普・吉列（King Camp Gillette）所

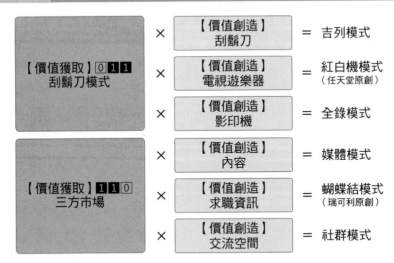

図表 7-5　同樣的價值獲取，搭配不同的價值創造，形成迥異的商業模式

【價值獲取】⓪❶❶
刮鬍刀模式

×　【價值創造】刮鬍刀　＝　吉列模式

×　【價值創造】電視遊樂器　＝　紅白機模式（任天堂原創）

×　【價值創造】影印機　＝　全錄模式

【價值獲取】❶❶⓪
三方市場

×　【價值創造】內容　＝　媒體模式

×　【價值創造】求職資訊　＝　蝴蝶結模式（瑞可利原創）

×　【價值創造】交流空間　＝　社群模式

發明，故稱為「吉列模式」。企業以主要產品，搭配更有利可圖的收費點，細水長流地回收利潤。

　　將刮鬍刀本體設定為主要產品，將替換刀片設定為收費點，落實「讓刮鬍刀本體產品普及」的價值獲取。為了讓這個模式能成功，吉列把「更換刀片就能常保鋒利」當作價值創造來訴求。而這些價值獲取與價值創造搭配後，打造出了傑出的商業模式。

　　任天堂的紅白機則是以 ⓪❶❶ 的價值獲取，搭配電視遊樂器的價值創造，造就而成的商業模式，通常稱為「紅白機模式」或「授權模式」。

　　在這個價值獲取機制當中，本體產品幾乎是以「不敷成本」的低價供應，再以銷售遊戲卡帶來賺取利潤。一旦遊戲不夠有趣，就無法創造利潤，因此在任天堂公司內部，為持續推出有趣的遊戲作品而產

生了一股緊張感。結果，後來它成了非常成功的商業模式。

再將 0̲11 的價值獲取，配合影印機的價值創造，就成了「全錄模式」。在這種價值獲取當中，本體產品不求獲利，只求能讓影印機普及，待日後顧客印得愈多，全錄就能賺得更多利潤。

因此，全錄必須不斷翻新價值創造，推出彩色影印、列印複合機，還向顧客提報更好的解決方案，只為了讓顧客使用起來更便利。這樣的操作，後來也成了影印機商業模式的標準形式。

上述這些商業模式，都是用競爭同業先採取的某一種價值獲取，再搭配自家企業的價值創造，最後發展出成果的商業模式，所以才會冠上個別企業或商品名稱。而也因為如此，在各業界取得了堪稱慣例的「業界標準」地位。

再來看看圖表的下半部分。這裡呈現的是歸類在獲利邏輯 11̲0 的價值獲取「三方市場」，在搭配不同的價值創造之後，所形成的商業模式。由 11̲0 搭配「內容」這項價值創造，形成了媒體模式；搭配求職資訊，則成為瑞可利公司的蝴蝶結模式；搭配使用者夥伴的交流天地，就成了推特或臉書的社群模式。

這些 11̲0 都是在各項價值創造之上，再搭配各業界龍頭企業採用的特殊價值獲取，成為普遍的商業模式，並站穩了腳步。

一路看下來，各位可以明白：價值獲取搭配上某種價值創造後，就能發展出企業為人所知的商業模式。各位不妨試著用前面提過的價值創造，搭配上 0̲0̲0̲ 的價值獲取。因為單純製造或銷售的商業模式，不論套用在什麼價值創造上，都感覺不到任何新穎之處。

企業的價值創造會因為從似曾相識的獲利邏輯以外，找出價值獲取來搭配，成為特異性相當鮮明的商業模式。亞馬遜是如此，特斯拉也是如此。當使用者接受這些商業模式，企業就能賺得可觀的利潤。

圖表 7-6　以共通的價值獲取為中心的商業模式

【價值獲取】 0 0 1
定額訂閱制

× 　【價值創造】
　　軟體　　 = SaaS

× 　【價值創造】
　　行動交通　 = MaaS

　　只不過，事情並沒有那麼簡單，不是只要調整價值獲取，企業就能因此蛻變重生。光更動價值獲取機制，商業模式並無法成立，必須配合價值獲取機制，在價值創造中也安排機制，讓合適的付費者願意支付對價。價值創造也要確實改變，讓企業能推動革新，轉型為最合適的商業模式，才是最重要的關鍵。

　　此外，目前價值獲取與價值創造上最理想的組合，已發展出標準化型式，並已列入商業模式的陣容。其中一例是用「定額訂閱制」的價值獲取機制，搭配「軟體」的價值創造，形成軟體即服務，還有與「行動交通」結合，所發展而來的交通行動服務（Mobility as a Service，MaaS）（圖表 7-6）。

　　已有許多軟體公司轉型為 SaaS 企業；汽車業、交通服務業者也有意轉型為 MaaS 企業。今後，想必還會有更多新的商業模式陸續登場。希望各位別忘了，這個現象的背景因素，是由於有別於傳統的價值獲取機制，以及因為這些價值獲取而被優化的價值創造，還有它們的相互關係所導致。

◆ 獲利創新與價值創造

光是改革價值獲取，不足以催生出新的商業模式。到頭來，還是需要改革價值創造。其實獲利創新最大的目的，就在這裡。請各位參考圖表 7-7。

圖表上半部是以往的價值獲取與價值創造的組合。倘若製造業、銷售業者還是一如既往，採取產品銷售的價值獲取機制，也就是在 ⓪⓪⓪ 的狀態下推動價值創造，也不會有任何改變。因此，業者要推動獲利創新，試著選用 ⓪⓪⓪ 以外的其他獲利邏輯。

不過，這裡特別需要留意的重點是，業者如果在價值創造（0）維持既往的狀態下，去改變價值獲取，恐怕在商業模式上會出現不相容的問題。如果企業要推動獲利創新，朝價值獲取（1）轉型，那就要一併改革價值創造，朝價值創造（1）的方向邁進。

在商業模式當中，必須讓價值創造和價值獲取保持平衡，以便讓兩者維持最理想的關係。因此，光是改變價值獲取，商業模式還是發揮不了作用。換言之，以商業模式的架構來看，我可以很明確地說：獲利創新會誘發價值創造的創新。

對於向來偏重在價值創造上創新，絞盡腦汁思考過許多創意的製造業、銷售業者來說，價值獲取能幫助拓展視野，這的確是實情。

然而，要企業把價值獲取的機制，調整為非產品銷售的選項，就表示對顧客的關懷應對、產品供應方法等，都會出現變化。換句話說，當前的這一套價值創造，也勢必要做出變革，因為要用新觀點重新打造。

關於這一點，我會分別就製造業與銷售業，和各位一起試著想像可以怎麼做。

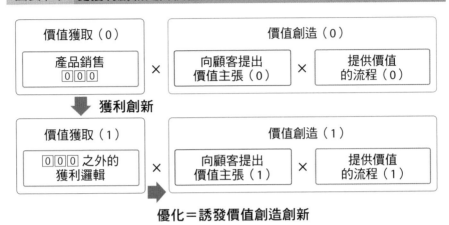

圖表 7-7　從獲利創新走向價值創造創新

| 價值獲取（0） | 價值創造（0） | |
| 產品銷售 0 0 0 | 向顧客提出 價值主張（0） | 提供價值 的流程（0） |

獲利創新

| 價值獲取（1） | 價值創造（1） | |
| 0 0 0 之外的 獲利邏輯 | 向顧客提出 價值主張（1） | 提供價值 的流程（1） |

優化＝誘發價值創造創新

銷售業

在以往的產品銷售當中，銷售業者若想持續向顧客提議創新的價值創造方案，就只能不斷地展現自家賣場的迷人之處。業者會擴大經手的產品品項，增加倉庫存量，並思考陳列方式和供應方法，以便能討顧客歡心。這些行動固然很重要，但光是這樣，業者很快就會碰到瓶頸。

因此，各位不妨試著調整獲利邏輯，改變價值獲取機制。請各位參考圖表 7-8。

讓我們先來探討 1 1 0 的價值獲取機制之一「媒合」。所謂的媒合，是要找出非主要顧客的收費對象和收費點的價值獲取機制。

例如，我們可以試想一套建商模式，由業者邀請製造商來展店，再向製造商收租。等於是在自家商場裡賣別人家的庫存，並收取房租。業者沒有庫存壓力，資產又少，也不必聘雇太多人力。不過，業者的房地產所在地點，必須是讓廠商覺得有吸引力的絕佳區位，或必

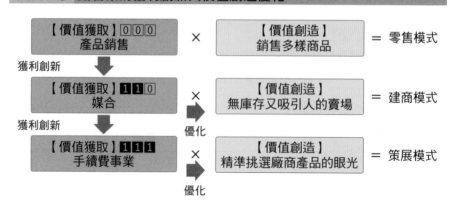

圖表 7-8　銷售業的獲利創新與價值創造優化

【價值獲取】0 0 0
產品銷售　×　【價值創造】銷售多樣商品　=　零售模式

獲利創新

【價值獲取】1 1 0
媒合　×　【價值創造】無庫存又吸引人的賣場　=　建商模式

獲利創新　優化

【價值獲取】1 1 1
手續費事業　×　【價值創造】精準挑選廠商產品的眼光　=　策展模式

優化

須設法提高該地點本身的價值。

　　如此一來，業者推動價值創造時所要做的事，就和以往完全不同了。實體的百貨商場，採取的就是上述這樣的價值創造手法。業者往往會在商場附設電影院等設施，以炒熱氣氛、衝高人氣。

　　至於網路上的那些電商平台，原理其實也都一樣。儘管商場開在虛擬空間，但攬客仍是最重要的課題，因此業者要思考的是如何炒熱氣氛、衝高人氣。當年搶先察覺這個價值獲取機制的業者，早就拓展了在價值創造方面的視野，如今已發展出龐大的門市網絡。

　　此外，如果業者在這裡推動獲利創新，轉往不同的價值獲取方向，就可以打造出另一個不同的商業模式。那就是在圖表下半部的1 1 1，即「手續費事業」的價值獲取機制。

　　手續費事業是指業者提供解決方案給展店廠商，藉此賺取營業淨利。在價值創造方面，業者除了需要招攬終端消費者來場之外，還需要備妥團隊，提供業者顧問諮詢、商品推銷或品牌營造等服務。不過，若業者本身缺乏相關經驗，就必須從零開始建立服務體制。

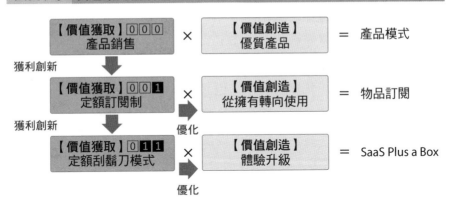

圖表 7-9　製造業的獲利創新與價值創造優化

【價值獲取】⓪⓪⓪　×　【價值創造】　＝　產品模式
產品銷售　　　　　　優質產品

獲利創新

【價值獲取】⓪⓪❶　×　【價值創造】　＝　物品訂閱
定額訂閱制　　　　　從擁有轉向使用

獲利創新　　　　優化

【價值獲取】⓪❶❶　×　【價值創造】　＝　SaaS Plus a Box
定額刮鬍刀模式　　　體驗升級

優化

　　不論如何，業者都必須再次確認現有資產，探索這個方案是否可行。若評估後認為可行，或許可像第4章介紹過的STORY、b8ta那樣，培養成策展型商業模式，也是一個方向。

製造業

　　製造業者也可透過獲利創新來改變商業模式。請參考圖表 7-9。

　　業者只要從 ⓪⓪⓪ 的產品銷售，轉為 ⓪⓪❶ 的定額訂閱制，就跨入物品訂閱制。不過，如果產品還是一成不變，就會變成在產品模式的狀態下，強硬導入訂閱制，以至於訂閱制本身無法成立，終將走向瓦解。

　　企業若要改變價值獲取機制，就要先考慮價值創新會明確強調使用優點的項目，才有機會朝價值創造的創新，甚至是商業模式的創新發展。先建立新體制，再用適合這一套體制的做法，找出企業與使用者之間的關聯，突破瓶頸的契機便會應運而生。

　　建議各位不妨從獲利邏輯 ⓪⓪❶ 再更進一步，轉型為 ⓪❶❶。這

裡我預設它是定額訂閱制和刮鬍刀模式混合而成的「定額刮鬍刀模式」價值獲取（請參閱第 6 章）。它以定額訂閱制供應軟體，主要產品則以實體供應，靠更新的軟體被塑造成比主要產品更有利可圖的收費點，並且細水長流地回收該有的利潤。

若改用 ⓪❶❶，那麼價值創造也必須大幅調整。企業要先了解更新對顧客而言是何等重要，接著再檢視內部有無足以應付定期發布更新、不遲延的體制；還要評估如何與使用者連結，以及內部數位轉型體制是否已建制完成等，必要人才與資產的檢核項目非常廣泛。

經過這些檢核與補強、建立起的商業模式，是我在第 6 章曾介紹過的 SaaS Plus a box。實際上跨越上述重重難關的派樂騰，以及盛傳未來將轉朝 ⓪❶❶ 方向發展的特斯拉，它們的價值創造都和現有的健身、汽車業者截然不同。

獲利創新其實不單只是在獲利結構上推動改革，企業現在也被迫要面臨價值創造的創新問題。換言之，所謂的獲利創新是和價值創造創新不同的角度出發，邁向新的商業模式創新。

◆成果卓著企業的特徵

本書在前面介紹過漫威、喜利得、GAFA、特斯拉、網飛、好市多等企業的案例。這些企業在價值創造上的成果亮眼，已眾所皆知。不過，在本書當中，我們聚焦於這些企業靈活地改革價值獲取，進而實現獲利創新的面向。

這些企業不辭辛勞地努力，才推動了創新的價值創造。但我認為，它們能有今日的一番榮景，背後原因絕不僅只於此。另外，在價

值獲取上，它們也同時成功地創新，這一點也很值得各位關注。

在價值獲取上展現靈活彈性，能孕育出一方沃土，才足以催生大格局的價值創造。沒有想賺大錢、獲鉅利的念頭，就無法誕生足以改變世界程度般的價值創造靈感。從企業的財務資訊當中，我們也可以很鮮明地看出這一點（請參照第2章）。

單就價值創造的創新來看，日本的製造業、銷售業，相較於歐美應該不是太遜色，甚至昔日還是歐美企業憧憬的對象，帶給他們很多在創新上的啟發，還成了歐美競相彷效的典範。

然而，問題在於企業從這些創新當中，沒有能力收割到足夠的利潤。這意味著企業並沒有從價值創造當中，回收應得的利潤。尤其過去一直以來，製造業和銷售業是帶動日本經濟發展的火車頭，即使導入了新的數位技術，價值獲取卻仍維持原狀，所以企業在價值創造的創新過程中，原本還有很多該獲得的利潤，卻只能眼睜睜地看著它們溜走。

於是在日本，縱然出現了優秀的數位企業，也會因為價值獲取的程度太落後，導致企業無法完整翻新價值創造，進而發展出格局更大的商業模式。每當我尋思價值獲取之際，總不禁興起這樣的想法。

只想到眼前的近利，一窩蜂地投入流行的價值獲取。把這當成企業轉型的敲門磚發展固然無傷大雅，但不能只是趕完流行就退場。倘若新的價值獲取能讓企業賺得更多營業淨利，那麼我希望各位接下來就該準備針對這項價值獲取推動改革。

準備著手改革之際，我希望各位要盡可能找出一套由自家企業編擬，完全量身打造的原創價值獲取。期盼各位能從價值獲取出發，擘畫出事業的藍圖，然後再設想一套能實現這份藍圖的價值創造。

如此一來，以往總難跳脫常識囿限的價值創造，就能在各位的帶

領下，從全然不同的角度出發，邁向創新。如同當年在危急存亡之秋的漫威，彷彿從來不曾停下推動商業模式創新的雙手般（請參考第1章），先推動了獲利創新，接著又據此發動了價值創造創新。

▶04.
邁向商業模式的創新之路

日本企業總是很避諱討論獲利，如今差不多該是敞開心胸，全公司上下公開討論獲利的時候了。為了推動價值獲取的改革，希望各位能先從獲利創新開始著手進行。

經濟困窘的歐美企業，人人都能面不改色、以獲利為出發點，思考各項策略，進而大膽爭取無上限的利潤。簡而言之，這意味著歐美社會對企業的要求，是希望他們完全站在顧客的角度來思考，在這樣的基礎上，最後才能打造出廣受世人感謝，令人刮目相看的商業模式。

然而時至今日，由於數位化的發展，以及新冠疫情所造成的價值觀轉變，既往的商業模式一夕失效。企業被迫置身在經濟困境中，現在正該正面投入推動獲利創新；而那些因為短期特殊需求賺飽荷包的企業，也要為下一波可能來襲的價值觀轉換未雨綢繆，做好啟動獲利創新的準備。

就算推動創新的出發點是想發大財也無妨。

不過，如果各位是真心想發財，真心想推動獲利創新的話，那麼在過程中還是必須徹底思考企業的營收來源多樣化與盈利化，評估最適合用來搭配全新價值獲取機制的價值創造才行。

很多學者專家都已討論過「商業模式創新」，其中絕大部分都是要

仰賴價值創造的創新來帶動。價值創造的創新，的確是事業發展的根基，這一點毋庸置疑。

　　然而，光是這樣還不夠。如果價值創造無法帶來獲利，各位不妨乾脆就從價值獲取出發，推動商業模式的改革吧！在前景茫然難料的此刻，我們更應該開始認真討論改革、創新。

　　其實說穿了，我們推動價值創造創新都是為了讓下一代的世界變得更美好。當企業既能受到各界感謝，又能賺取利潤，而且獲利愈多時，就表示企業呈現的商業模式，足堪成為社會的典範。

　　期盼長年來一路支撐日本經濟發展的製造業和銷售業，能把累積多時的改革岩漿，噴發在獲利創新的推動上。

　　撰寫本書期間，正逢我的學者生涯來到值得紀念的里程碑。我成為經營學者迄今二十年，第一本個人著作付梓迄今十年，後來又陸續推出十部著作，才又撰寫本書。孰料這時不巧因為新冠病毒疫情肆虐，迫使民眾不得不接受生活環境上的諸多改變，市場消費狀況為之一變的同時，所有企業的商業模式也都出現了翻天覆地的轉變。

　　在這樣的情勢下，我一再捫心自問：「到底我能做些什麼？」然而，無能為力的日子就這麼一天天過去。原本管理學應該能指引我們企業如何因應瞬息萬變的內、外部環境，進而讓世界變得更豐富。可是，在疫情面前，這些學問全都不是對手。我切身感受到：以往我們對獲利的那些認知，如今已不再適用。

　　企業在低營收的環境下苟延苦撐，工作機會一個個消失。我身為經營學者，該用什麼形式，傳達什麼內容，才能讓社會大眾從當前的情況中，展望光明的未來呢？我一心思索，並以此為撰述時的核心，最後完成了這本書。

　　我一路走來，承蒙許多財經界的好朋友關照，在此無法一一點名致謝。但我想把以下這些話，送給所有在職場第一線服務的各位：

　　價值創造當然很重要。而價值創造的創新，更是企業求生存最重要的課題。然而，若因為這場空前的危機，導致企業被迫停工，連求苟活都不可得時，企業可就要血本無歸了。

　　在新冠病毒的疫情下，我才更深刻地體認到：企業無論如何都要有營收、有獲利。

　　與此同時，我也才明白世界上有許多企業，創造獲利的能力極其

脆弱，對獲利的素養極度匱乏。

昨天的一套遊戲規則，到了今天已不適用。我們既然經歷過這種危機，就該引以為鑑，不斷自我升級。我們可以做的，不是只繭居在家，祈禱日子趕快回到常軌，回歸疫情前的生活。即使我們在非自願的情況下，被放進了一個全新的環境裡，我們也應該扭轉劣勢，堅強勇敢地活下去。

因此，不論被放在什麼樣的環境下，我們都要具備「獨力求生的能力」、「為求生存所需的創意巧思」。

我想本書探討的價值獲取和八種獲利邏輯，就是在呈現這些求生能力的概念。衷心期盼各位把這些內容當成自己的資產，帶著它們積極走遍今後的世界；更深切盼望各位運用自己擅長的價值創造，讓世界變得更美好。

本書承蒙各方人士盛情關照，才得以順利出版。在東洋經濟新報社負責本書編輯工作的佐藤敬先生，最能了解我的想法，並惠賜我出版的機會。我對佐藤先生只有滿心的感謝。三浦珠美小姐則是我的智囊，從全書的結構安排到撰寫，都承蒙她的大力協助。尤其她還為我連續多日召開線上會議，不厭其煩地討論全書結構、推敲原稿等，非常感謝她的多方關照。

如果本書的出版，能幫助那些在超乎預期的狀況下，受盡煎熬的企業與員工，讓他們能稍微向前邁進的話，將是我無上的喜悅。

今後，企業對於獲利的關注程度，絕對是有增無減。期盼各位不只將本書當成吸收新知的工具，而是要思考各位所屬的企業該如何實現獲利創新，並多與現況比較，透過書籍與現場的實際對照，加深各位對本書內容的理解。

2021 年 10 月

川上昌直

參考文獻

Abel, D. F. (1980). *Defining the Business: The Starting Point of Strategic Planning*. Prentice-Hall.

Afuah, A. (2004). *Business Models: A Strategic Management Approach*. McGraw-Hill/Irwin.

Afuah, A. (2014). *Business Model Innovation: Concepts, Analysis, and Cases*. Routledge.

Anderson, C. (2009)。免費！揭開零定價的獲利祕密（羅耀宗、蔡慧菁譯）。天下文化。（原著出版於 2009 年）

Aulet, B. (2013). *Disciplined Entrepreneurship: 24 Steps to a Successful Startup*. John Wiley & Sons.

Baxter, R. K. (2016)。引爆會員經濟：打造成長駭客的關鍵核心，Netflix、Amazon 和 Adobe 最重要的獲利祕密（陳琇玲、吳慧珍譯）。商周出版。（原著出版於 2015 年）

Benioff, M., & Adler, C. (2009). *Behind the Cloud: The Untold Story of How Salesforce.com Went from Idea to Billion-Dollar Company-and Revolutionized an Industry*. Wiley-Blackwell.

Berger, J. (2020). *The Catalyst: How to Change Anyone's Mind*. Simon & Schuster.

Brandenburger, A. M., & Stuart, H. W. Jr. (1996). Value-based Business Strategy. *Journal of Economics & Management Strategy, 5*(1), 5-24.

Bryce, D. J., Dyer, J. H., & Hatch, N. W. (2011). Competing Against Free. *Harvard Business Review, June,* 104-111.

Christensen, C. M. (2022)。創新的兩難【20 週年暢銷經典版】：當代最具影響力的商管奠基之作，影響賈伯斯、比爾·蓋茲到貝佐斯醫生的創新聖經（吳凱琳譯）。天下雜誌。（原著出版於 2000 年）

Christensen, C. M., & Raynor, M. E. (2017)。創新者的解答：掌握破壞性創新的 9 大關鍵決策（暢銷改版）（李芳齡、李田樹譯）。天下雜誌。（原著出版於 2003 年）

Christensen, C. M., Kaufman, S. P., & Shih, W. C. (2008). Innovation Killers: How Financial Tools Destroy Your Capacity to Do New Things. *Harvard Business Review, January*, 98-105.

Christensen, C. M., Hall, T., Dillon, K., & Duncan, D.S. (2017)。創新的用圖理論：掌握消費者選擇，創新不必碰運氣（洪慧芳譯）。天下雜誌。（原著出版於 2016 年）

Eisenmann, T., Parker, G. & Van Alstyne, M. W. (2006). Strategies for Two-Sided Markets.

Harvard Business Review, October, 92-101.

Elberse, A. (2011). Marvel Enterprises, Inc. *Harvard Business School case study.*

Elberse, A. (2013). *Blockbusters: Hit-making, Risk-taking, and the Big Business of Entertainment.* Henry Holt and Co.

Gassmann, O., Frankenberger, K., & Csik, M. (2017)。航向成功企業的 55 種商業模式：是什麼？為什麼？誰在用？何時用？如何用？（劉慧玉譯）。橡實文化。（原著出版於 2014 年）

Gupta, S., & Barney, L. (2015). Reinventing Adobe. *Harvard Business School case study.*

Harrison, S., Carlsen, A. & Skerlavaj, M. (2019). Marvel's Blockbuster Machine: How the Studio Balances Continuity and Renewal. *Harvard Business Review, Jul.-Aug.,* 136-145.

Itami, H., & Nishino, K. (2010). Killing Two Birds with One Stone: Profit for Now and Learning for the Future. *Long Range Planning, 43,* 364-369.

Janzer, A. (2017). *Subscription Marketing: Strategies for Nurturing Customers in a World of Churn.* Cuesta Park Consulting.

Johnson, M. W. (2010). *Seizing the White Space: Business model Innovation for Growth and Renewal.* Harvard Business Review Press.

Keating, G. (2013). *Netflixed: The Epic Battle for America's Eyeballs.* Portfolio.

Levitt, T. (1969). *The Marketing Mode: Pathways to Corporate Growth.* McGraw-Hill.

Levitt, T. (1997)。引爆行銷想像力（余佩珊譯）。遠流。（原著出版於 1983 年）

Markides, C. C. (2000). *All the Right Moves: A Guide to Crafting Breakthrough Strategy.* Harvard Business School Press.

Markides, C. C. (2008). *Game-Changing Strategies: How to Create New Market Space in Established Industries by Breaking Rules.* John Wiley & Sons.

McGrath, R. G., & MacMillan, I. (2000). *The Entrepreneurial Mindset: Strategies for Continuously Creating Opportunity in an Age of Uncertainty.* Harvard Business School Press.

Mehta, N., Steinman, D. & Murphy, L. (2019)。絕對續訂！訂閱經濟最關鍵的獲客、養客、留客術（徐立妍譯）。商業周刊。（原著出版於 2016 年）

Michel, S. (2014). Capture More Value: Innovation Isn't Worth Much if You Don't Get Paid for It. *Harvard Business Review, October,* 78-85.

Michel, S. (2015). 8 Reasons Companies Don't Capture More Value. *Harvard Business Review, April.*

Moore, G. (1991). *Crossing the Chasm: Marketing and Selling Technology Products to Mainstream*

Customers. HarperCollins.

Mullins, J. (2014). *The Customer-Funded Business: Start, Finance, or Grow Your Company with Your Customers' Cash*. Wiley.

Mullins, J., & Komisar, R. (2009). *Getting to Plan B: Breaking Through to a Better Business Model*. Harvard Business Review Press.

Nalebuff, B. J., & Brandenburger, A. M. (2015)。競合策略：商業運作的真實力量（二十周年經典版）（黃婉華、馮勃翰譯）。雲夢千里。（原著出版於 1997 年）

Pink, D. H. (2005). *A Whole New Mind: Why Right-Brainers Will Rule the Future*. Riverhead Books.

Porter, M. E. (2010)。競合策略（新版）（電子書）（周旭華譯）。天下文化。（原著出版於 1980 年）

Porter, M. E. (2020)。競合優勢（上）（下）（邱如美、李明軒譯）。天下文化。（原著出版於 1985 年）

Raju, J., & Zhang, Z. J. (2010). *Smart Pricing: How Google, Priceline, and Leading Businesses Use Pricing Innovation for Profitability*. Pearson Education.

Ramanujam, M., & Tacke, G (2016). *Monetizing Innovation: How Smart Companies Design the Product around the Price*. Wiley.

Ryall, M. D. (2013). The New Dynamics of Competition: An Emerging Science for Modeling Strategic Moves. *Harvard Business Review, June*, 80-87.

Slywotzky, A. J. (2020)。創造新財富：企業轉型的利基策略（劉真如譯）。足智文化。（原著出版於 1996 年）

Slywotzky, A. J. (2002). *The Art of Profitability*. Mercer Management Consulting.

Slywotzky, A. J., & Morrison, D. J. (1997). *The Profit Zone: How Strategic Business Design Will Lead You to Tomorrow's Profits*. Times Books.

Stephens, D. (2017). *Reengineering Retail: The Future of Selling in a Post-Digital World*. Figure 1 Publishing.

Temkin, B. D. (2010). *Mapping the Customer Journey*. Forrester.

Tzuo, T. (2019)。訂閱經濟：如何用最強商業模式，開展全新服務商機（吳凱琳譯）。天下雜誌。（原著出版於 2018 年）

Verdin, P., & Tackx, K. (2015). Are You Creating or Capturing Value? A Dynamic Framework for Sustainable Strategy. *M-RCBG Associate Working Paper Series, 36*.

梶谷素久（1991）。新歐洲報業史：歐洲社會與資訊。brain 出版。

川上昌直（2011）。商業模式的基礎設計：顧客價值與獲利的共創。中央經濟社。

　　　　（2013）。改變收費點的獲利模式方程式。神吉出版。

　　　　（2014）。獲利革命　商業模式雙贏法：既能滿足顧客又能讓公司獲方法！企管學博士用故事告訴你如何創造獲利法則（涂紋鳳譯）。瑞昇。（原著出版於 2016 年）

　　　　（2017）。獲利策略：推動顧客價值主張創新的新創意。鑽石社。

　　　　（2018 年 7 月 17 日～ 24 日）。愈來愈普及的訂閱制（簡單經濟學）。日本經濟新聞。

　　　　（2019）。如何創造「連結」：新時代的變現策略 經常性收入模式。東洋經濟新報社。

　　　　（2020 年 2 月 24 日）。愈來愈普及的訂閱模式（經濟教室）。

　　　　（2021a）。日本企業追捧——「訂閱」的問題。商大論集，73（2）：1-20。

　　　　（2021b）。數位時代下的經常性收入模式型態。商大論集，73（2）：21-38。

楠木建（2010）。策略就像一本故事書：為什麼策略會議都沒有人在報告策略？（孫玉珍譯）。中國生產力中心。（原著出版於 2013 年）

延岡健太郎（2006）。MOT〔科技經營〕入門。日本經濟新聞出版社。

　　　　　（2011）。價值創造經營的邏輯：日本製造業的生存之道。日本經濟新聞出版社。

榊原清則（2005）。創新獲利：科技經營的課題與分析。有斐閣。

安室憲一（2003）。激底驗證　中國企業的競爭力：「世界工廠」的商業模式。日本經濟新聞社。

安室憲一、商業模式研究會編著（2007）。個案手冊：商業模式排名。文真堂。

▶索引

多元獲利模式大全

作者	川上昌直
譯者	張嘉芬
商周集團執行長	郭奕伶
商業周刊出版部	
總監	林雲
責任編輯	林亞萱
封面設計	FE設計
內頁排版	魯帆育
出版發行	城邦文化事業股份有限公司 商業周刊
地址	115020 台北市南港區昆陽街16號6樓
	電話：(02) 2505-6789　傳真：(02) 2503-6399
讀者服務專線	(02) 2510-8888
商周集團網站服務信箱	mailbox@bwnet.com.tw
劃撥帳號	50003033
戶名	英屬蓋曼群島商家庭傳媒股份有限公司城邦分公司
網站	www.businessweekly.com.tw
香港發行所	城邦（香港）出版集團有限公司
	香港灣仔駱克道193號東超商業中心1樓
	電話：(852) 2508-6231　傳真：(852) 2578-9337
	E-mail：hkcite@biznetvigator.com
製版印刷	中原造像股份有限公司
總經銷	聯合發行股份有限公司 電話：(02) 2917-8022
初版1刷	2022年12月
初版4刷	2024年 4 月
定價	420元
ISBN	978-626-7099-919（平裝）
EISBN	9786267099926（EPUB）／9786267099933（PDF）

SHUEKI TAYOUKA NO SENRYAKU by Masanao Kawakami
Copyright © 2021 Masanao Kawakami
All rights reserved.
Original Japanese edition published by TOYO KEIZAI INC.
Traditional Chinese translation copyright © 2022 by Business Weekly, a Division of Cite Publishing Ltd.
This Traditional Chinese edition published by arrangement with TOYO KEIZAI INC., Tokyo, through AMANN CO., LTD, Taipei.

國家圖書館出版品預行編目（CIP）資料

多元獲利模式大全：從「一次性賣斷」到「錢不斷流進
來」的獲利倍增策略／川上昌直著；張嘉芬譯. -- 初版. --
臺北市：城邦文化事業股份有限公司商業周刊, 2022.12
320面；17×22公分
譯自：収益多様化の戦略：既存事業を変えるマネタイズ
の新しいロジック
ISBN 978-626-7099-91-9（平裝）

1.CST: 企業經營　2.CST: 策略管理
494.1　　　　　　　　　　　111016277

金商道

The positive thinker sees the invisible, feels the intangible,
and achieves the impossible.

惟正向思考者，能察於未見，感於無形，達於人所不能。 —— 佚名